田舎暮らしが できる人 できない人

玉村豊男
Tamamura Toyoo

a pilot of wisdom

HOC ERAT IN VOTIS:
MODUS AGRI NON ITA MAGNUS,
HORTUS UBI ET TECTO VICINUS
JUGIS AQUAE FONS ET
PAULUM SILVAE SUPER HIS FORET.

我が望みの中にあるもの
さほど広くない畑があり、庭があり、
家の近くに絶えず流れる水と
その外に小さな森があるということ。
——ホラティウス『風刺詩』より

はじめに――私たちの田舎暮らし

東京生まれ東京育ちの私が、同じく東京生まれ東京育ちの妻と、信州に引っ越してから今年で二十四年になります。

最初は軽井沢の別荘地のはずれに小さな家を建て、散歩とテニスとアウトドア料理を楽しんでいましたが、テニスのやりすぎか、酒の飲みすぎか、はたまた仕事のしすぎか、ある日突然、気持ちが悪くなってトイレに駆け込んだら一瞬で大量の吐血。体内を流れている血の半分くらいの量をいっぺんに吐いてしまいました。

で、救急車で病院に運び込まれ、緊急輸血をしたものの、入院してからも下血が止まらず、さらに何度も輸血を繰り返した結果、肝炎ウィルスをもらってしまったのです。当時はC型肝炎の検査薬がなく、輸血を受けると十人に一人は肝炎にかかるといわれていた時代です。一九八六年二月、私が四十一歳になる年ですから、数えなら四十二。まさしく男の厄年でした。

なお、吐血、下血、輸血を「三血」といいますが（いわないか）、「三血」の経験では、私が昭和天皇の少し先になります。肝炎のために再入院した病床で、チェルノブイリの原発事故と、スペースシャトル「コロンビア号」の事故のニュースを見たことをよく覚えています。

結局、肝炎の症状がおさまるまでに、約二年かかりました。テニスもできず、酒も飲めず、ヒマ潰しに絵を描きはじめたのもこの頃です。

同時に、妻が、隣町で広大な農園を営んでいる老婦人（この方も四十を過ぎてから本格的な農業をはじめたのですが）と知り合って、ハーブや花の栽培の手ほどきを受けているうちに、私たちも、軽井沢よりもう少し標高の低い場所に日当たりのよい農地を買って、畑仕事をやりながら老後を過ごしてはどうか……と言い出したのです。私は、絵のモデルになるきれいな花とおいしい野菜ができるならそれもよいか……という程度の軽い気持ちで、妻のアイデアに賛成しました。

それから、御代田《みよた》、小諸、北御牧《きたみまき》、塩田、春日温泉……と、毎週のようにドライブして眺めと日当たりのよい土地を探し、約二年かけて見つけたのが、いま住んでいる東御《とうみ》市の標高八百五十メートルの里山の斜面です。一九九〇年に土地を買い、九一年に家を建てながら荒れていた桑畑のあとを開墾し、九二年にハーブとワイン用ブドウの苗木を植えたので、農業をはじめてからも、もう十五年が経つことになりますね。

四年前には、自分の畑で育てたブドウからワインをつくりたいと、酒造免許を取得してワイナリーを立ち上げ、畑の野菜を料理して提供するカフェ・レストランもオープンしました。当初は、病気を契機になかば隠遁しようかと、静かな老後の生活を思い描いていたのに……まったく予測もしなかった事態を戸惑いながらも楽しんで、一昨年、還暦を迎えました。

最近、田舎暮らしが関心を呼んでいます。とくに定年を迎える団塊世代に田舎暮らし希望者が多いようで、私のところにも、同じバックグラウンドで育った彼らに田舎暮らしの先輩としてアドバイスしてほしい、という、講演やインタビューの依頼がしきりに舞い込むようになりました。

この本では、そうした質疑応答の中からわかってきた、田舎暮らしを望んでいる、または漠然と考えている、あるいは、とくに考えているわけではないが興味はある……というような人びとが知っておいたほうがよいと思われる項目について、私なりの経験にもとづいたお話をしたいと思います。

もとより私の経験は個人的なものです。私の場合は仕事も特殊ですし、組織に属して働く人より住む場所を選びやすいなど、さまざまな面で条件に恵まれています。ですから私の経験が誰にでも役立つというわけではありませんが、リゾートとしての長い歴史をもつ軽井沢でのゆるやかな田舎暮らしから、いわゆる中山間地の農村地帯に入り込んで農業に従事するハードな田舎暮らしまで、この二十四年間に私が知った現実と変化するいまの状況は、多くの人が自分自身の問題として田舎暮らしを考えるときに、かならずなんらかのヒントを与えてくれるに違いありません。

幸福な人生の選択のために、そしてありふれた日常に潤いと安らぎを取り戻すために、この本が住む場所と暮らしのかたちについて考える契機となればさいわいです。

目次

第一章　田舎暮らしの魅力

　夏のあいだはどこへも行かず、自宅と畑とワイナリーを往復して過ごしますが、秋から春にかけては、ときどき仕事で東京に出張することがあります。家から上田駅までクルマで二十分、上田から新幹線で東京まで一時間二十分前後。ドアツードアで二時間と少しあればたいがいのところへ行けますから、いくつかの仕事をこなしても終わるのは夕方の食事前。せっかく東京に出てきたのだから、友人を呼び出してメシでも食おうか、ひさしぶりに会う機会だし、最近評判のレストランにも行ってみたい……と、一瞬、思うのだが、いつも、そう、思うだけ。東京駅の近くまで戻ってくると、いや、早く帰ろう、もう東京は十分だ、早く家に帰ってゆっくりしたい、と考えが変わり、エキナカの食堂でひとり簡単に夕食を済ませるか、あるいは大丸の地下食品売場で弁当を買い込んで、そのまま長野新幹線「あさま」の車中へ。通い慣れた「あさま」の座席に座るだけで半分家に帰ったような気分になり、そして、上田駅のホームに降り立ってきりりとした信州の空気にあたると、やっぱり早く帰ってきてよかった、東京になんか長居するものじゃない、と、心から思うのです。長野県民歴二十四年、信州は私にとってかけがえのない故郷となりました。

田舎に住んでいるという優越感

信州に引っ越した最初の頃、信州人は碓氷《うすい》峠を越えて山が見えると故郷に帰った気分になる、と聞かされたときには、へえ、そんなものか、と他人事のように聞き流していましたが、いつのまにか、東京から帰って山を見るたびに、しあわせな気分になっている自分に気づきました。たまに出張や旅行で山のない町に行くと、よくこんなつまらないところに住めるものだ、と悪態をついたりします。変われば変わるものですね。

海外旅行へは若い頃から何度も行っていますが、東京に住んでいた頃は、成田空港から東京に戻ってこれから自宅へ帰ろうとするとき、大荷物を抱えてまた列車やバスに乗り込もうとする地方在住者の姿を見て、かわいそうに、まだこれから旅をしなければならないのか、と憐れんだものです。その憐れみは、蔑《さげす》みに似ていたかもしれません。東京や大阪など大都会に住んでいる人は、心のどこかで田舎に住んでいる人を馬鹿にしている。私もそのひとりでした。

いまでは、まったく正反対ですね。成田空港から東京に戻り、そのまま電車やタクシーで自宅へ向かう人の姿を見ると、かわいそうに、せっかく海外旅行に行ってきたというのに、また東京の悪い空気の中の狭い家に帰るのか、と、蔑み、いや、憐れみの心を私は抱きます。私にはこれからあのおいしい空気が待っている。旅行も楽しかったけど、やっぱりわが家がいちばんだね、という本当の旅の醍醐味《だいごみ》を味わえるのは、田舎に住んでいる者だけの特権ではないか、とさえ思うのです。

フランス人は、リタイアしたら「川のほとりで暮らしたい」とよくいいます。仕事をしなければならない時期はしかたなく都会で暮らすけれども、ゆっくり時間が使える年齢になったら田舎で自然に囲まれて暮らしたい、という意味です。そう遠くないうちに、日本もそうなっていくのではないでしょうか。

朝は太陽とともに――田舎暮らしの時間割

田舎に引っ越してから、すっかり早起きになりました。朝は太陽とともに起きる。夏は午前四時半から五時。冬になると明るくなるのが遅いので六時頃。寝室にカーテンはありますが、あまり役に立つことがありません。

軽井沢に住んでいたときは、まだ東京の生活のリズムを引きずっていました。仕事はおもに夜、夕食を終えてから机に向かい、酒を飲みながら深夜まで原稿を書く。書き終わっても頭の芯が冴えていてすぐには眠れないので、また寝酒。当然、朝は寝坊して、昼頃までは頭が働かない……。

それが、軽井沢というリゾートから本物の田舎、というか、周囲は田畑ばかりの田園地帯にやってきて、農作業をはじめてから一変したのです。

地元の隣組では、年に何回か、みんなで共同作業をやる行事があります。たとえば、川のゴミさらい、とか。そういうときの集合時間は、午前五時、と決まっています。

最初は冗談かと思いましたね。

だって、五時になんか、起きられるわけがないでしょう。前の晩から寝ないで起きていなけりゃならない。引っ越してきてすぐのときは、ひょっとして嫌がらせじゃないか、と思ったくらいです。

が、夏になって、繁茂するブドウの世話をしたり、毎朝トマトの収穫をしたり、農作業が忙しくなってきたら、不思議なことに、朝五時少し前にパチッと目が覚めるようになったのです。それから十五年。からだのリズムはずっと太陽とシンクロしたまま、いまでも日の出とともに目が覚める毎日です。

起きると、まず犬を連れて散歩に出ます。家を出て畑のわきの農道を下り、雑木林の中の坂道を抜けて、村の集落に沿った広い舗装道路を少し歩いてから、ふたたび山のほうへ取って返す、約二十分のコースが定番です。坂道の上からは、眼下に千曲《ちくま》川と上田盆地が、遠くには北アルプスの稜線が望めます。春の新緑、夏の野の花、秋の紅葉、冬の雪景。毎日違う雲や空や霧の風情は、十五年間見続けていても飽きることがありません。

おもな仕事は、朝のうちに済ませます。早起きをすれば、昼までに一日の仕事の大半は終わってしまう。簡単に昼を食べて、昼寝をします。

近所の農家の人も、夏のあいだは昼寝をするのが習慣になっているようです。朝夕は涼しい高原も、昼間の直射日光は強烈で、真夏の正午過ぎは外に出ても仕事にならない。だから昼食のあとはしばらく昼寝をしてからだを休め、日ざしが少し弱ってからまた畑に出るのです。だからこのあたりでは、二時過ぎくらいまではたがいに家を訪問しない決まりになっている。

「昼めしのときに、ちょっと焼酎を飲むとよく眠れる」

というお年寄りもいます。いい暮らしですね。

午後は人と会ったり畑に出たり、ゆるゆると時間を過ごして、夕食を食べたあとは原則として仕事はしない。夜は食べて飲んでテレビを見て、風呂に入ってあとは寝るだけ。

テレビは、できるだけ他愛ない番組がいいですね。月曜ゴールデン、火曜ドラマゴールド、金曜プレステージ……でしたっけ、二時間ドラマなんか最適です。見ている途中で居眠りしても、どうせ筋は同じようなものだし、最後に主要人物たちが崖っぷちに集まって謎解きをしてくれる。なにしろ早起きだから早く眠くなり、たいがい見終わらないうちに寝てしまうのですが、見逃しても残念でないところが最高です。

夜は、闇と静寂の世界です。

たまに東京に出張してホテルに泊まると、まず、窓を閉め切られた部屋の閉塞感が重苦しい。エアコンの人工的な風も鬱陶《うっとう》しいし、たいがいは暑すぎるか、寒すぎるか、空気が乾燥しすぎているかのいずれかで、田舎の自然な空気の快適さにはほど遠い。

かといって窓を開けると、夜でも都会は外がこんなにうるさいのか、とあきれるほどの騒音が入り込んできて、あわてて窓を閉め、あきらめて寝ようとするものの、枕に押しつけた耳の奥に地鳴りのようなかすかな音が絶えず響いて消えることがない……。

東京に住んでいたときは気づかなかったが、都会では、どんなに静かな夜でも完全な静寂はなく、暗騒音(バックグラウンドノイズ)がつねに神経を逆撫《さかな》でしているのだ。

東京の夜が、いつまでも明るいことにもびっくりさせられます。

住宅街は寝静まっていても、どこかの夜も眠らない街の光がぼんやりと空の全体を覆っていて、月も出ていないのにどうしてこんなに明るいのだろう、と思うくらい明るい。

田舎では、明るいのは国道沿いのコンビニのまわりだけで、私の住んでいる山の上なんかは真っ暗です。

そのかわり、満月の晩はものすごく明るい。

月夜なら、鬱蒼《うっそう》とした樹木に覆われた森の中でも、懐中電灯なしで歩くことができるといいます。月が出ている夜ならば、見上げると樹木の切れ目から明るい空が見えるので、その空の下に道があることがわかる、というのです。そのほうが、暗い足もとを見て道を探すより正確だ、と。私も試みたことがありますが、小石や木の根につまずきさえしなければ……上を見ながら歩けます。

もう東京では暮らせない

空気がきれいだとか、夜が静かだというくらいで田舎に引っ越そうと決心する人は少ないかもしれませんが、こうした生活の環境というものは、心身の健康にとってかなり大きな影響を与える要素であるといえます。

東京のマンションで暮らしていた頃、白いワイシャツを着て外出すると、一日で襟《えり》が黒くなったものです。ベランダに干しておいたシャツにも、よく見るとこまかい黒い粉のようなものが付着している。ディーゼルガソリンの油煙でしょうか。あんなものを毎日吸い込んでいるのだとしたら……。

東京生まれの私が田舎に住んでいるというと、ひととおり田舎暮らしの話をあれこれ聞いたあとで、

「でも、将来また東京に住みたいとは思いませんか」

とたずねる人がいます。

まさか！　いったい、なにが悲しくて東京に戻らなけりゃいけないんですか。

東京に住んでいる人は（それも地方から東京に出てきている人はとくに）、東京以外にはモノも情報も楽しみもない、と思い込んでいるようですね。

たしかに、東京には東京でなくては味わえない魅力や面白さがいっぱいあります。が、そこは仕事で行く場所であっても、あるいは遊びに行く場所であっても、住む場所ではない、と私は感じています。

もちろん、それがわかったうえで、それでも東京に住むことを選ぶ、という人はたくさんいるでしょう。人の暮らしのかたちはさまざまですから、当然です。が、少なくとも私

に限っては、いまの田園の本拠地を捨てて東京に戻るなどということは絶対にあり得ません。

「でも、東京にはよく来るのでしょう?」

そう言い募ってくる東京者に対しては、私はこんなふうに答えることにしています。

「ええ、いつもきれいな空気の中で暮らしているので、ときどき東京に行って悪い空気を吸わないと、健康によくない」

第二章　いまなぜ田舎暮らしなのか

　私が東京から軽井沢に引っ越したのは一九八三年ですが、この前後に、第一次田舎暮らしブーム、とでもいうべき動きがありました。

　雑誌『ダイヤモンドＢＯＸ』が火つけ役だったと思いますが、田舎で売りに出されている家や土地などの格安物件を「田舎売ります」と称して誌上で紹介する企画が人気を呼びました。実際に雑誌を見て田舎に移住した人がどのくらいいたかは知りませんが、森や田畑に囲まれた古い家や、廃校になった学校の校舎など、写真を見てそこはかとない憧れや郷愁を抱く人は多かったと思います。

　私が軽井沢に引っ越したのはその雑誌のせいではありませんが、その直後に書いた『新型田舎生活者の発想』は田舎暮らし体験記のさきがけといわれましたし、脱サラして田舎でペンションを開く、といって都会の生活を捨てた（あるいは捨てようとした）出版関係者などは何人か知っています。

脱サラしてペンション。懐かしい響きですね。

あの頃も、田舎暮らしブームの主役は団塊の世代でした。

四十歳を前にして、都会の浮き草生活から逃れよう。まだ体力のあるうちに、自然の中で自立して生き抜こう。

そこには、いわゆるヒッピー精神のようなものへの共感、ないしは、うしろめたさ、があったのかもしれません。なにしろ全共闘世代ですからね、このまま社会の歯車となって埋没することだけは拒否したい、とか。

ペンションはそのために必要な経済的自立の手段でしたが、いざやってみると繁忙期には自分の寝る時間も場所もないような、しかも嫌な客にも笑顔をつくらなければならない接客業に辟易《へきえき》した人も多かったようです。夕食後におやじがあらわれて若い客に説教をするペンション、というのもありましたが、はやりませんでしたね。

もっとハードな田舎暮らしを志向する人もいました。

廃校になった校舎に住み、薪を割り、陶芸をやって暮らす。ヒゲを伸ばし、自給自足をめざして無農薬野菜を栽培し、地域の住人とはあまりつきあわない。きっと、着るものは作務衣《さむえ》ですね。

昔の田舎暮らし実践者は、その多くが変人でした。というか、当時は、田舎のほうには都会からの移住者を受け入れようという気運も受け皿もなかったので、それこそ筋金入りのエコロジストか、よほど覚悟を決めたドロップアウトでなくては、田舎暮らしを決心することができなかった、というのが実情だったでしょう。

田舎暮らしという新しい潮流

最近の、いわゆる二〇〇七年問題、団塊の世代が定年退職を迎える時期に合わせたように高まってきた田舎暮らしへの関心は、以前のブームとはだいぶようすが違います。

田舎暮らし希望者を誘致する地方自治体や、彼らをビジネスの相手と考える信託会社や住宅会社がターゲットにしているのは、戦後の消費社会でつねにマーケティングの対象となってきた団塊世代の定年退職者ですが、最近の流れの中で、田舎に住みたい、田舎に住んでみてもいいかな、と考える人は、もっと幅広い年齢層にわたっています。

農業をやりたい、という人も増えています。私の周辺にも、自然を相手に額に汗して働く仕事がしたい、といって農業を志す青年たちが集まってきています。独身者もいれば、妻帯者もいる。子供を自然の中で育てたい、子供には安全な野菜を食べさせたい、という理由で田舎暮らしを模索する若い夫婦も少なくありません。

飽和状態になった都会から、自然が残る田舎への、回帰。

それは以前のような一過性のブームではなく、広汎《こうはん》な社会情勢を背景にした、ひとつのたしかな潮流となりつつあるように私は感じています。

日本の田舎は、いま崩壊の危機に直面しています。

若い人たちは都会に流出し、農業の後継者は絶えて、村に残されるのは老人ばかり。高齢者率はますます高まり、あと何人かお年寄りが亡くなりでもしたら、村そのものが立ち行かなくなる、という「限界集落」も増えています。遊休荒廃農地の面積も増大の一途。田舎では、土地が余り、人がいなくなっているのです。

息子夫婦のために敷地内に家を新築したが息子たちは町に出て行き、年寄りだけが残された。その年寄り夫婦もおじいさんが亡くなって、おばあさんひとりになった。息子夫婦は、おばあちゃんもいっしょに町の家で暮らそうよ、と誘うのだが、おばあさんは、町なんか嫌だ、生まれてこのかた住み慣れた、村のほうがいい、といって動こうとしない。

まだ村では地縁の絆が生きているので、ひとりになってもおばあさんは自分で野菜をつくりながら生きていくことができますが、いずれは、その古い母屋も、息子たちのために建てた家とともに、無人の館と化してしまうことでしょう。そういう家を抱えた村落が、いま、日本にはいっぱいある。

町や村、地方自治体は、そうした地域の活性化のために、優遇策をあれこれ取り揃えて田舎暮らしを希望する都会生活者を誘致しようとしています。

遊休農地の斡旋《あっせん》や、資金の低利融資や補助金など、新規農業参入者の受け入れスキームもしだいに充実してきています。

このままではいけない、という危機感が、ようやく腰の重い行政を動かしはじめた……

という図式ですが、でも、まだ実際にはそれほどの成果が上がっているとは思えません。

私は、二〇〇七年以降、団塊の世代を中心にした大量の人びとが、都会から田舎へ、都市生活で培った意識と感覚をもって移住し、そこで新しい生活をはじめることで、日本の社会は大きく変わるのではないかと期待しているのです。彼らによって都会の風を吹き込まれた田舎は、古い農民意識や村落意識からしだいに覚醒して、まだ十分に残っている豊かな自然環境を美しく育みながら、それらと共生して生き残る方向を見出すのではないか……と。

いまはまだ、多くの人が漠然と田舎暮らしを考えるようになった、という段階ですが、ちょっと背中を押しさえすれば、どっと新しい潮流が日本中を覆い尽くす、もう、私たちはそのとば口にまで来ているような気がします。

生活の輪郭線——手ざわりのある暮らしを求めて

思えば、私たちの生活は複雑になったものです。

いま私は、白いシャツと薄いセーターを着てパソコンに向かい、この原稿を書いていますが、シャツの襟元を見ると、メード・イン・クロアチア、という表記があります。しかし、このシャツに使われている木綿は、中国産かもしれない。セーターのほうは、おそらく中国製だと思いますが、イタリアのメーカーの名前が書いてある。

フランスのテレビで、安いブラジャーの生産と流通についてレポートする番組を見たことがあります。それは量販店で売られている製品なのですが、生産と流通の経路をたどっていくと、コットンは中国大陸産、レース編みの部分は香港製、付属の金具はインド製、デザインと最後の包装はイタリアで……というふうに、ひとつのブラジャーをつくるために、いくつもの国と地域がかかわっている。つまりそのブラジャーは、完成品としてフランスの量販店の店頭に並ぶまでに、世界中を何万キロと旅してきた、というのです。が、それなのに、すべてをフランス国内でつくった国産品より、ずっと安い。

国境を越えたビジネスは、少しでもコストの低い生産者や製造者を求めて世界中を探しまわり、大量に発注し大量に輸送することでさらにコストを下げ……その結果、町のスーパーで買った一枚の安いシャツに、数ヵ国の数百人、いや、ひょっとしたら数千人もの人間がかかわっている、というような、とんでもないことになってしまったのです。

ＢＳＥ（狂牛病＝牛海綿状脳症）の問題にも同じような側面があります。

一九三〇年代後半以降、モータリゼーションが急速に進展したアメリカ西海岸に、ハンバーガーを売る店ができました。大きな駐車場に面して店を構え、クルマでやってきた客がすぐに食べられるよう、ポップな格好をした若い女性の売り子がハンバーガーやコークをクルマのところまで運ぶ、ドライブスルーの店です。コックさんは注文があるたびに天井から吊してある牛肉の塊を切り出し、トントンと包丁でたたいてミンチにします。それを丸めてフライパンで焼くあいだにパンを温め、ポテトを揚げて……一丁上がり。この商売が大当たりしたために、次々と同じような店ができました。

元祖と目《もく》される店のひとつでは、はじめのうち、陶器の皿にハンバーガーを載せ、ガラスのコップに飲みものを入れてサービスしていましたが、食べ終わったあとそれらを持ち去ってしまう客があまりにも多かった。しかも、ようやく慣れて肉を焼けるようになった店員が、新しくできた店に引き抜かれて辞めていく。そこで頭にきたオーナーは、食器を紙コップと紙皿に変え、そして雇ったスタッフが誰でもその日からすぐに仕事がはじめられるよう、すべての作業をマニュアル化して熟練を不要にした……というのがいわゆるアメリカ式ファストフードスタイルの発端ですが、その後、大手のブランドが全米に夥《おびただ》しい数のチェーン店を展開するようになると、原料の供給システムも組織化され、何箇所もの巨大な専用牧場で牛を飼育して、それらの肉をセントラルキッチンに集め、大型の機械でミンチを製造して各チェーン店に配給するようになっていきます。その結果、かつてはコックが目の前にぶら下がった一塊の牛肉からつくっていたハンバーグに、いまや少なくとも二百頭分の牛肉が混ざっている、とさえいわれるようになったのです。

たとえ二百頭でも、健康な牛なら問題はないのですが、もしその中に一頭でもBSEにかかった牛がいたとしたら……一塊の牛肉からハンバーグをつくっていた時代と較《くら》べるとリスクは二百倍にはねあがる計算になる。大量生産大量消費の時代は、昔では考えられなかったような危険を孕《はら》んでいるというひとつの例です。

最近は日本でも、食品のトレーサビリティ（関係者は「トレサビ」と呼んでいます）が話題になっています。パックに記されたバーコードをパソコンで読み取ると中に入っている肉の生産履歴がわかるとか、野菜にICタッグをつけて誰が栽培したかわかるようにするなど、さまざまな取り組みがおこなわれています。それも、毎日の生活で口に入る食品が、どこで、誰によって、どのようにつくられ、どういう経路で運ばれてきたのか、誰にもわからなくなってきているからです。

山田さんが育てた牛、鈴木さんの畑のジャガイモ、佐藤さんのタマゴ。タマゴの袋に佐藤さんの顔写真が貼ってあったりすると、へえ、このおじさんがタマゴを産んだのか……とは思いませんが、まあ、作り手の顔が見える、ということで、安心感を抱く。そういう時代になってきました。

でも、なんだかヘンな感じがしませんか。

スーパーで肉を買ったら、いちいちパソコンで牛の育った牧場をたしかめてからでなくては料理ができない。買った野菜はひとつひとつ、どこの畑で何回農薬を使って栽培したか、どこの農協のルートで運ばれたか……調べているうちに生産者の顔写真が出てきたのでよく見たら、なんだ、親戚のおじさんじゃないか、だなんて……。

昔は、誰もそんなことを気にせずに済んでいた。たとえば八百屋さん（というのはいけなくて、いまでは「青果販売業者」と書かなければならない）の店先に並んでいる野菜は近郊の農家がつくったものと決まっていたし、自転車の荷台にトロ箱をくりつけて路地裏にまで魚を売りに来る魚屋さん（移動鮮魚販売業者？）が扱っているのは近海産。もちろんなかには遠くから運ばれてくるものもあり、外国産の缶詰や調味料が食卓にのぼることもあったけれども、口に入るものの多くは、どこからやってきたものか、だいたい想像がつくものばかりでした。

いい時代だった、といえばそれまでですが、いずれにしても、こういう時代になってしまった以上、トレサビや、原産地呼称管理や、不当表示の取締りなどをしっかりやってもらうほかはありません。しかし、たとえそれで多少の安心が得られたとしても、自分自身の生活が、日本中の、いや世界中の、途方もない数の見知らぬ人びとのかかわりによってはじめて成り立っている、という事実を知ることは、現代の先進国に生きる特権とかよろこびとかいうものとはほど遠く、むしろ、得体の知れない不安を感じさせるものではないでしょうか。

私が、生活の輪郭、というのはそのことを意味しています。

かつては、自分たちの暮らしを支える人びとの姿が、おぼろげながらであっても見えていた。着るもの、飲むもの、食べるもの、住むところ。簡単な普段着ならミシンで手縫いできたし、飲む水はペットボトルではなく井戸から汲んできた。もちろん野菜は近くの畑で採れたもので、味噌汁に入れるニラやミョウガは裏庭に生えている。障子の張替えはおとうさんの仕事。雨漏りがすれば、家を建てた大工さんが直しに来てくれた。

そんなふうに、自分の暮らしはこういう人びとによって支えられているのだ、ということを、実感として理解することができたのです。いわゆる、顔が見える、という状態ですね。それが、安全や安心につながっていた。

もっと昔なら、着物を織るのなら糸を紡《つむ》ぐところからはじめ、森の木を切り出してきて家を建て、野草や山菜、ときには鳥や動物の肉も近くの自然から調達したでしょう。自分の生活を支えるほとんどすべてのものが自分の身のまわりに存在し、それらがどういう過程を経て着るものになったり食べるものになったりするか、わかったのです。そういう時代には、毎日の生活に、はっきりとした手ざわりが感じられたに違いありません。

ところが、いつのまにか、どんどん生活の輪郭が拡大していって、いったいどこまでが自分の生活に関係する範囲で、どこから先が自分と関係のない世界なのか、その境目が曖昧になってしまいました。

自給自足、という言葉を私たちはよく口にします。

私のところを訪ねてくる人の中にも、私たちが畑で野菜をつくったり、雑木林の木を間伐して炭焼きをしたりキノコを栽培しているのを見て、

「自給自足ですね」

と感心する人がいますが、とんでもない、自給自足なんておこがましい限りです。

炭を焼いたり薪を割ったりはしても、料理や暖房は電気やガスがなければできないし、だいいち動物は犬しか飼っていない。鉄砲も撃たないので、キジやウサギを捕まえることもできません。ニワトリは飼いたいと思ったのですが、キツネに襲われるというのでやめました。ですから、私たちの生活など、食の分野に限ってさえ自給自足の足もとにも及ばないのですが、それでも技術や体力や時間がない中で、少しでも自分たちにできることは自分たちの手でやってみようとする田舎暮らしのかたちが、都会から来てはじめてそれを目にした人には新鮮に映るのかもしれません。

自給自足という言葉につい過剰な意味を与えてしまうのは、現代の私たちの生活から失

われてしまったものに対して、多くの人が悔悟に似た郷愁を抱くからでしょう。

私たちは、その言葉を口にしながら、できることならその失われたものの一部を、ほんのわずかでもいいから取り戻したい、と感じているのではないでしょうか。

自然の魅力がわかる年齢

私たちが面白がって農業をやっているのを見て、都会に住む友人は興味を示しますが、田舎で生まれ育って東京で就職した会社勤めの人間は、

「農業のどこが面白いの？」

といってあきれたような顔をすることが多い。聞いてみると、彼らは小さい頃、学校から帰ってランドセルを放り投げ、さあこれから遊ぼう、としたときに、田んぼの代掻《しろか》きをやるから手伝え、と父親からいわれた経験をもっているのですね。

農家の子は、家に帰ると農作業を手伝わされました。

とくに田んぼの代掻きは、ズボンの裾をまくりあげて冷たい水の中に入り、ヌルヌルと

した泥の中を歩かなければならない。あれがイヤでさあ。泣きたくなったもんだよ。遊びたい盛りの子供のときに、農業の悪いイメージがインプットされてしまった。そのうえ父親からは、

「あとを継がなくてもいいから、百姓にだけはなるな。東京に出てサラリーマンになれ」

といわれて育ったのですから、わざわざその東京からやってきて忌わしい農業を楽しんでいる私たちの姿が、どうも不思議に見えるらしい。

しかし、そんなことをいっている地方出身のサラリーマンたちも、そろそろ定年が近くなってくると、俺も田舎に帰って畑でもやろうかなあ、などとつぶやきはじめるのです。あの田んぼの泥のヌルヌルが、気持ち悪さよりも懐かしさを喚起するのでしょうか。

田舎のよさ、自然の魅力を理解するには、ある程度の人生経験が必要です。

若い頃は、誰でも日常から逃れたいと思うものです。田舎の子は、都会に出て都会の子のように遊びたい。都会の子は都会の子で、都会独特のあの閉塞感から抜け出したい。

いまの時代、農家に生まれてあとを継ごうとする若者は貴重ですし、ぜひ頑張ってもらいたいと思いますが、子供たちに、やっぱり東京に行かせてほしい、といわれたら（私に

は子供がいませんが）それはしかたのないことだと思います。若いうちは、遊びたいだけ遊べばいい。そして、遊び疲れたら、帰ってくればいいのです。

遊ぶだけでなく、東京のような大都会で、大きな組織や仕事にかかわり、刺戟と緊張に満ちた時間を生きることは、その人にとってなにものにも代え難いキャリアとなるものです。一生田舎から出ずに暮らすより、一度はそういう経験を積んだほうが、より有意義な人生を送れるのではないかと思います。

しかし、一日外を出歩くと白いシャツの襟が真っ黒になるような都会で、他人に翻弄《ほんろう》されながらストレスに満ちた日常を重ねていれば、しだいに疲れが溜まってくるのは当然です。若いうちは目先の変化やめまぐるしさを生き甲斐と思い込んで夢中になることもできますが、ある年齢に達してそろそろ自分の人生のありようが見えてくる頃には、このまま惰性に流されていてはいけない、という想いが心の底に淀《よど》むようになり、せめて残された人生の日々は、自分の納得のいくかたちに仕上げたい、と願うのです。

私は、四十代くらいまでは、できることがあればなんにでも手を広げて、失敗を恐れずにチャレンジするのがよいと思っています。仕事も、恋愛も、人間関係も、さまざまな経験を重ねることで人生の厚みが増すのですから。

しかし、五十の声を聞くようになると、過剰な情報や際限のない物欲に振りまわされて、絶えず焦りながら他人《ひと》より前を歩こうとするよりも、他人との比較や競争に悩まされることなく、みずから選んだ暮らしのスタイルの中で自足した毎日を送りたい、と思うようになるものです。それまでにあちこちを走りまわって集めた情報やモノの中から、自分にとって本当に必要なもの、自分が本当に気に入ったものだけを選んで、それらに囲まれてその後の人生を過ごすことができたなら……。

定年が視界に入ってくる頃、自然に囲まれた田園で、少しでも手ざわりを感じることのできる暮らしをしたい、と多くの人が思うようになるのは、当然の流れなのです。その流れを、いっそう世智辛《せちがら》くなった最近の世の中が、後押ししている。

人生の経験を重ねると、自然の見方も変わってきます。

若い頃は、サクラの花を見てもさほどの感慨は催さないものです。それが歳をとると、花の盛りを見ても、散り際を見ても、なにかしらものを想うことが多くなる。

それは、年を重ねるごとに、サクラをめぐる思い出も積み重なっていくからです。三十年前はサクラの樹《き》の下でプロポーズした。二十年前はサクラの樹の前で家族の写真を撮った。十年前は……と、長く生きれば長く生きただけ、思い出の数も増えていく。つまり、同じサクラを見ても、二十歳のときより四十歳のときのほうが、四十歳のときより六十歳のときのほうが、その風景から受け取る情報の量が多いのです。

若い頃はいつもヒマを持て余していたものですが、それはなにを見ても風景の中身がからっぽだったからではないでしょうか。

遅い春の新緑から、夏に繁る濃い緑へ。そしていつのまにか秋の日が森に差し込んで、紅葉から枯れ木の季節へ。

朝は太陽を浴びて光る山を眺め、夕べは茜《あかね》色に染まった空に浮かぶ雲の動きに目を奪われる……。

そんな自然の風景を眺めているだけで、もう、新しい情報は必要ない、自然さえあればいくらでも楽しめる……とまでは達観できないとしても、歳をとるということは、そんなふうに、一本の草木からでも人生を反芻《はんすう》できるほど、豊かな自然観照の力を身につけることを可能にするのではないかと思っています。

東京から軽井沢に移ったとき、私は三十八歳でした。あのときは、知人に勧められて、なんとなく、ちょっと東京を離れてみるか、というくらいの気分で引っ越したので、都会に疲れて、とか、自然に憧れて、とかいうわけではなかったのですが、別荘地のはずれに居を構えて、家を取り囲む樹木の緑を見たときは、きれいだな、と思いました。ちょうど梅雨入りの直前の、緑がいちばん美しい季節でした。その直後から、何日も何日も雨が降り続けたのには参りましたが。

子供の頃の風景

軽井沢でいちばん気に入ったのは、優しい自然が生活の場を囲んでいるところです。家のすぐ前が沢になっていて、細い道を下りていくと、葦の生えた湿原のような土地があり、いつもたくさんの鳥が飛んできていました。ひとまたぎすれば飛び越えられるほどの小川も流れていて、ときどき魚の泳いでいるのが見えました。

天気のいい日は、小川のほとりに椅子を持ち出して本を読み、目が疲れるとあたりを眺めながら、子供の頃を思い出していました。

私は一九四五年の秋に、東京・杉並区の西荻窪に生まれました。終戦直後でしたから、郊外に近い中小住宅地には、あちこちに空き地がありました。所有者はあっても誰もやってこない、雑草の生えた更地《さらち》です。境界には鉄条網が張ってあったりしましたが、子供たちはかまわず隙間から出入りして遊んだものです。大きな樹が生えている空き地。湧き水が流れている空き地。友だちといっしょに、樹にのぼったり、穴を掘って池をつくったり、暗くなるまで泥んこになって遊んだものです。

軽井沢の別荘地のはずれにあったその隠れ家のようなスペースは、子供の頃に遊んだ住宅街の優しい自然を思い出させて、私を幸福な気分にさせてくれました。

それが、私と信州の自然との、最初の出会いでした。

その後いまの土地に移り、こんどは田園地帯に家を建てて生まれて初めての農業に挑戦したわけですが、そこでともに生きることになった自然は、軽井沢のそれとはまた違ったものでした。

高原の別荘地から、田園地帯の里山へ。二十数年の田舎暮らしの経験が、私の自然への理解を深めてくれました。ただ眺めるだけでなく、自分の手で土をいじり、自然の営みと直《じか》にかかわるようになって、さらに自然のもつ奥深い魅力を知り、もうこの自然から離れては暮らすことができない、と感じるようになっていったのです。

そこに至るまでの道程には、偶然の発見や、人との出会いや、そのほかさまざまの出来事や経験が積み重なっています。いまでこそ私は、あたかも田舎暮らしの伝道者のような役割を引き受けていますが、もしそうしたいくつもの契機がなかったら、田舎のよさも自然の本当の魅力も知らないまま、一生を終えていたかもしれません。

軽井沢から移るとき、私たちは、農業をやるために眺めのよい土地を探しました。眺めがよくなくても野菜をつくることはできますが、畑仕事の手を休めたときに、美しい景色が見えれば疲れが癒されるだろうと思ったからです。粘って探した結果、さいわい、アルプスと千曲川を遠望する丘の上の土地を手に入れることができました。

「ここからの眺めは本当に素晴らしいですね」

引越しが決まって地元の人に挨拶をしたとき、すぐ隣の畑で野菜をつくっているお年寄りにそういうと、すぐに応答はなく、しばらくしてから、

「そうかのう。わしは長いことここで畑をやっとるが、いつも下を向いて草を取っているせいか……眺めは、考えたことがなかった」

という答えが返ってきた。

そして、それから何週間かして、またそのおじいさんと会ったら、こんどは向こうから近づいてきて、小さな声でこういいました。

「……いわれてみると、たしかに、いい眺めだ」

見ていても、気づかなければ、わからない。他人《ひと》から指摘されてはじめて、同じ景色がそれまでと違って見えるのです。自然との出会いも、そんなものかもしれません。

第三章　バリアが低くなった田舎暮らし

軽井沢から私たちが引っ越した先は、かつて開拓者が切り開いた集落でした。もっと下のほうの、らくに田んぼをつくることのできる平地から、新天地を求めた人びとが山の中に入って森を切り開き、小さな川の流れに沿って農地と集落をつくったのです。いまではその子孫たちがあとを継いで、ひとまとまりの山間地に百五十ほどの世帯が暮らしていますが、いまだにたがいの結束は非常に固いものがあります。

私たちは、眺めのよいところを求めていたので、その集落のわきからもっと山の上のほうにのぼった、里山のほぼてっぺんに位置する土地に家を建てました。歩けば十五分ほどで村の中心にある集会所まで行けますが、集落の住民からは、

「どうして山の上に住むだ。下でみんなといっしょに暮らせばいいだに」

といわれました。また、

「山の上はタヌキが出て化かされるぞ」

とも。タヌキなら村にもいるのですが……。

別に、私たちは村びとから離れるために山の上に家を建てたわけではないのですが、

「俺たちが苦労して開いた道を勝手に使って、その上に家を建てるのはけしからん」

といった村の長老もいました。いまではすっかり仲良くなったお年寄りですが、最初は得体の知れない余所者《よそもの》がなにをしでかすのか、警戒したのかもしれません。

なにしろ、私たちはその村（この地域には村という行政単位はなく、いまは東御市の中のひとつの区になっていますが、ひとまとまりの集落という意味であえて村と呼ぶことにします）にとって、なんと三十年ぶりの新入りだったのです。

三十年前に、すぐ近くの村から、家族が一組、引っ越してきた。それ以来、誰もこの村に転入してくる余所者はいなかったのです。

「凄いところに来ちゃったなあ」

というのが、それを知ったときの偽《いつわ》らざる感想でした。

村に転入の手続きをするとき、三十年前の新参者の名前が記入された台帳を見せてもらいましたが、それは、和綴じに筆書きの、まるで古文書のようなものでした。

秀吉以来の隣組

どこから引っ越してこようと、東御市役所（私が来た当時は、合併前だったので東部町役場）に転入届を出せば手続きは終了します。が、そのほかに、地域によってですが、いわゆる隣組といわれる、地域ごとの自治組合に参加するのが慣《なら》わしになっています。

これは基本的には住民による自発的な組織とされていますが、実際には行政や農協などによる公的な上意下達機構の末端を担っており、また、公有地、共有林の管理、水利組合や森林組合との連携など、地域の共同生活にかかわるさまざまな問題を処理するための住民による自治議会として機能しているので、新しく転入してくる者にも、当然のこととして参加が求められます。

隣組というのは、日中戦争の拡大にともなって一九四〇年（昭和十五年）に制定された、住民の相互監視体制と連帯責任制度によって国民総動員体制を支える戦争遂行のための最末端組織で、法的には一九四七年（昭和二十二年）に公布されたポツダム政令によって廃止されましたが、その後も日本各地でかたちを変えて生き残っています。

私たちの村の自治組合では、それぞれ五〜六世帯からなる「班」が十数単位集まって実行組合をかたちづくっていますが、この「班」が、昔の「隣組」に相当するものです。毎年持ち回りでひとつの家が「班長」をつとめ、回覧板をまわしたり区費を徴収したり、さまざまな雑用をこなします。

昔の隣組制度は、豊臣秀吉が創始して徳川幕府が受け継いだ（古い！）「五人組」の制度を模したものとされますが、いまでも村のお年寄りの中には「班長さん」といわずに「五長さん」と呼ぶ人がいる（「五長」は「五人組」の組長のこと）くらいですから、四百年あまり経っても意識はあまり変わっていないのかもしれません。

しかし、それほど確固たる組織のように思われる隣組のシステムも、わずかずつではありますが、ほころびを見せはじめています。家族構成の変化や通勤範囲の拡大、交通手段と通信手段の発達などによって、昔と同じようなやりかたができなくなってきたのです。

村の入口に近いところに、火の見櫓《やぐら》が立っています。昔は、火事があると消防団員がそこにのぼり、半鐘を鳴らして村のみんなに知らせました。と同時に消防団が出動して、手際よく消火作業をおこなうのです。

いまでも地域の消防団は健在で、火事になればすぐに出動できるような態勢をとっています。が、しだいに消防団員になろうという若者は少なくなり、火の見櫓が利用されることもめったになくなりました。若者に限って参加できる消防団は、いわば昔の若者宿のような役割を果たしてきたものですが、最近の若者は集団行動を嫌い、だいいち村に若者の数が足りなくなって、メンバーの供給がおぼつかなくなってきたのです。火事があって一一九番に通報があったときには、若い頃に消防団員だったOBが、老体に鞭打って出動することも多くなったと聞きます。数少ない若い現役の消防団員は、平日は隣町の会社に勤めていたりして、常時待機しているわけにはいかないのです。

田舎には、そうした火の見櫓があちこちに残っています。なかには、もう使わなくなって売りに出されたものもあります。私の知人で、軽井沢の別荘の庭に火の見櫓を移築して、ときどきのぼっている人がいました。てっぺんで酒を飲むと気持ちがいいそうです。

意味が変わった「村八分」

消防団に限らず、現代の隣組を成立させているさまざまなシステムは、かつて、村の全員が田んぼでコメをつくり、クルマも電話もほとんどなく、たがいに緊密に協力しあって暮らしていた時代の、村落共同体の生活を前提としたシステムなのです。

ところが、いまは減反でコメをつくる農家も減り、自家用米しかつくっていないような家でもそれぞれにトラクターなど農業機械をもっているので、近隣の農家と労働力を交換して共同作業をやるようなこともなくなりました。農業用水の分配も用水路ができたので難しい話ではなくなり、共同作業が必要な米作によって結ばれていた村の絆、ないし組織的支配関係は、すでにフィクションと化しています。

村びとの多くが田んぼに出ていれば、半鐘が鳴ると同時に全員が火事場に駆けつけることもできたでしょう。共同作業も手際がよかったに違いありません。しかし、いまは、お年寄り以外はたいがいの人が遠くに働きに出ているのです。クルマで三十分も一時間もかけて通勤し、サラリーマンやパートの仕事をやっている。コメづくりの農作業は土日でなんとかこなせますが、火事は週末にだけ起こるわけではない。だから、駆り出される消防団員は定年をとっくに過ぎたオールドボーイだけ、ということにもなるのです。

構成員の高齢化は、伝統行事の存続にも影を落としています。それこそ江戸時代から続いてきたような祭事の類は、形式的には受け継がれてはいても現代人の日常感覚からは遠く、昔のやりかたを知っている人も少なくなりました。

私たちの村には親睦のための運動会というのがありますが、これも毎年、そろそろやめたらどうか、という意見が大勢を占めるようになっています。学校の運動会と同じようにさまざまの種目を設定して隣組の住民が参加するのですが、子供が少ないので成り立たない種目がある。年齢別に競技をすると、お年寄りの参加種目ばかり増えてしまう。

それに、村の親睦行事がすなわち個人的な楽しみでもあった老人世代はともかく、家族の中核をなしているもう少し下の世代は、集合的な行事に強制的に参加させられるのは煩わしいと思うようになっており、運動会なんか出たくない、という人もかなり多くなりました。もちろん建前としては強制ではないものの、地域別に割当てがあって班長が各戸をまわって参加をお願いして歩くのですから、村の住人としてはなかなか断りにくいものです。が、そんなに嫌がる人が多いなら親睦の意味がないじゃないか、とはっきり口にする人も最近は増えてきました。寄り合いでも、主導権は長老からしだいに下の世代に移ってきています。

村の集会所に各班の住人が集まっておこなわれる総会でも、会議中は禁煙になりました。禁煙は女性たちの要望で、それが通ったのです。夜、飲みながらやる役員の会合に、清酒や焼酎だけでなく、ワインを持ち込む人もあらわれました（私ではありません）。

古い隣組の制度にも、しだいに新しい風が吹きつつあるようです。

古くからの村民の中にも、意識の変化があらわれています。十五年前に、

「村のしきたりを守れないような者は来ないでほしい」

と私にいった長老のひとりは、いまでは、

「外から来て住む人が増えると、村が活性化してよい」

というようになっています。このままでは年寄りばかりになってしまう、どこからでもいいから新しい人がやってきて、村を元気にしてほしい、と考えが変わったのです。

程度の差こそあれ、どの田舎でも意識の変革が進んでいます。自治体が経済的見地から

移住希望者を誘致するだけでなく、それまで余所者を排除していたような古い感覚の村びとも、しだいに寛大に（ある意味では弱気に）なって、転入者を歓迎する気分に傾いているのではないかと思います。

かつては、村八分、という言葉がありました。村びとの暮らしにとって欠かせない十種類の交際のうち、火事と葬式を除く八種類を断つ、という意味でそう呼ぶと俗にいわれますが、要するに村の秩序を破った構成員に対する制裁措置のことです。米作だけでなく森林の管理や安全のための結束を含めて緊密な共同作業が欠かせなかった昔の農村生活で、絶交あるいは追放にも等しい処分は死活にかかわる問題でした。

昔と較《くら》べると、村びとの生活圏は飛躍的に拡大しました。村の暮らしに縛られることは少なくなり、人びとは隣組以外にも新しい仲間をつくるようになりました。このあたりの状況は、都会も田舎もそう変わりはありません。趣味のサークル、勉強会、仕事づきあい。とくに女性たちの動きは活発で、彼女たちの日常の交際範囲はとうの昔に隣組の境を越えています。

いうまでもなく、いまでは村八分などあり得ません。火事と葬式以外はつきあわない、と宣言したところで、村の外へ行っていつもどおりの活動を続けられるのですから、制裁の意味がないのです。

それどころか、隣組の構成員の多くは、ご主人の職場仲間とのつきあいも含めると、生活上の交際の八割くらいを隣組以外のところでおこなっているのではないでしょうか。村以外の人間関係が八割。隣組のつきあいが二割。村八分という言葉は、すっかり意味が変わってしまいました。

田舎の人の行動半径

田舎の人の行動半径は、思いのほか広いものです。

たいがいの家には、複数のクルマがあります。ご主人が通勤に使うクルマ、昼のあいだ奥さんが買物やつきあいに利用するクルマ。そのほか、近くの会社で働く息子か娘がいればその通勤のためのクルマ。そして畑仕事のための軽トラック。田舎はクルマがなくては移動できませんから、みんながクルマをもっています。土地に余裕があるので、車庫証明には困りません。私のところへ遊びに来る友人がよくいいます。

「こんな山の上に住んでいて、買物なんか、どうするの?」

周囲には一軒の家も見えず、あるのは山と森と畑ばかりですから、きっと心配になるのでしょう。はるか遠くに上田の町が見えますが、あそこまでは相当遠そうだ。

「クルマで十五分も行けばスーパーがあるし、コンビニもある。上田の駅にも二十分で行けるから、東京に住んでいるのと変わりないさ」

そう答えますが、納得のいかない顔をすることが多い。

「だって、いちいちクルマに乗らなきゃならないのは大変じゃないか」

たしかに、どこへでも歩いて行く、というわけにはいきませんが、クルマに乗ればそう時間はかからない。田舎の道は、早いのです。

私たちも、東京に住んでいたときと較べると回数は減りましたが、それでもときどき外食をします。うなぎや、そばなど、いくつかおいしい店があり、気分転換に出かけます。そういう店には、クルマに乗れば三十分以内で行ける。

クルマで三十分、というのは、ちょっとそこまで、という距離です。外食のためにクルマに三十分乗る、ということは、誰もが当然と受け止めています。北海道では、ちょっと友だちの家まで行く、といって二時間はドライブするそうじゃないですか。

東京の人は、自分たちだけが便利なところに住んでいると思っている。

たしかに、家から歩いて食事の店に行ける、というのは便利ですが、商店街のまんなかに住んでいるのでもない限り、歩けば十分や二十分はかかるでしょう。

歩いて二十分というと、ちょっと遠い……と、東京の人は思うのではないでしょうか。しかし、実際に歩いている距離はたいしたことありません。

山の上の家に住むようになってから、しばらくのあいだ、私は、東京に出たときは恵比寿にある妻の実家のマンションに泊まっていました。エレベータを降りて建物を出れば、もうすぐそこが商店街、という便利な場所です。駅まで歩いても、六分ちょっと。歩いて十分以内の距離に、食べもの屋さんは数え切れないくらいあります。山の上の家からは、下にある村の集会所まで、歩いて十五分はかかります。帰りは坂道をのぼるので、二十分くらい。途中にあるのは、畑と雑木林だけ。最後の三分だけ集落の中の道を歩く。

家を出て、ワイナリーの角を曲がり、畑の中を通る農道を歩いて行く。しばらく行くと畑が終わり道は雑木林の中に入るので、そこを右に曲がって集落のほうへ下りて行く、というコースなのですが、家を出てからその曲がり角に達するのが約六分後です。畑の中の道も、曲がり角も、家の二階の窓からよく見えます。歩いて行く人の姿を、雑木林の角を曲がるまで、目で追うことができます。

マンションから駅まで六分。家から雑木林まで六分。同じ距離です。

つまり、ひと目で見渡せる長さの道の両側に、東京では、すし屋、そば屋、ラーメン屋、洋服屋、時計屋、理髪店、コンビニ、クリーニング店……夥しい数の、あらゆる職種の店が並んでいるのです。そして、雑木林の角が恵比寿の駅。

想像してみると不思議です。

これは、便利というのか、オソロシイというのか……。

クルマで二十分、といっても、東京と田舎では走る距離が違います。

田舎の道は、ほとんど信号がありません。制限速度はありますが、道路はいつも空いています。信号ごとに止められ、渋滞でろくに走れない東京と違って、田舎はスイスイ走れるので距離が稼げます。タクシーのメーターもどんどん上がります。私の家から上田駅までは約二十分ですが、メーター料金は四千円以上。東京駅から恵比寿までは三十分くらいで、料金は二千円台です。それだけノロノロ走っているわけですね。

ですから、ちょっとそこまで、といってクルマに三十分乗ると、田舎では相当遠くまで行けるのです。赤坂から新橋に行くのに虎ノ門の交差点を曲がるだけで四十分かかった、とか、六本木の交差点を渡るのに信号待ちで一時間かかった、などというのとはわけが違う。その意味では、ことクルマという交通手段に関しては、東京より田舎のほうが便利、といえるでしょう。

クルマ社会の憂鬱

田舎暮らしを考えるなら、田舎がクルマ社会であることをよく認識しておく必要があります。

クルマなしでは、生活が成り立たない。それも、夫婦なら二台は必要です。

小学校の子供たちは長い距離を歩いて学校に行きますが、大人になると歩く機会が少なくなります。

農村地帯の青年は、東京は疲れる、といいます。駅や歩道橋で、階段をのぼらなければならないから。日ごろ歩いていないので、足が弱っているのです。東京のサラリーマンのほうが、よほど足腰が強い。機械化された現代の農作業は大半がクルマ(農業機械)に乗る仕事で、専業農家の職業病は腰痛です。

彼らは、クルマで東京を走るのは怖い、といいます。もちろん混雑や渋滞に慣れていないからですが、それ以前に、車線のある道を走るのが苦手だ、というのです。高速道路以外では、複数の車線をもつ道路は田舎にはめったにありません。田舎では、クルマは余計な神経を使わなくてよい最高の移動手段なのです。

そのかわり、クルマに乗れない人は生活に困ります。バスはあっても本数が非常に少ないし、停留所にたどりつくまでに長い距離を歩かなければならない。巡回バスなど行政が用意するサービスもあるとはいえ、古い家にひとり取り残されたお年寄りなど、歳をとって運転ができなくなったら移動手段は極端に限られてしまいます。

これから田舎に引っ越そうとする人は、歳をとってからのことも考えておいたほうがよいでしょう。村落の共同体が健全に機能していればそういう場合も相互扶助による解決策を見出すことができますが、いまや村民の生活の八割が外へ出てしまっている時代であるとするならば、新規参入者にとっては、共同体のバリアが低くなるというメリットがある一方、昔のような相互扶助もあまり期待できない、という可能性もあることを、頭の隅に置いておいたほうがよいかもしれません。少なくとも、そこに都市から流入した新しい住民たちを交えた、より成熟したコミュニティーマインドが生まれるまでは……。

実は、私は運転免許をもっていません。

私が若い頃は、学生のうちに免許を取る人は少なかった。就職するときに必要に迫られて教習所に通うのがふつうでした。それに私はあまりクルマに興味がなく、教習所で教官に威張られるのも嫌だったので、その後も取ろうとしないまま今日に至っています。

東京の生活にはクルマは必要なく、免許のない不便さは感じずに暮らしていました。

田舎に移ってからも、私の仕事は家の中か目の前の畑でできるので、基本的には困りませんが、それでも出張するときは駅までクルマで送ってもらわなければならないし、ひとりで食事に行く、とか、ホームセンターに買物に行く、というわけにはいきません。出かけたいときは、妻か、同居している妻の妹か、あるいは同じ敷地内にある事務所のスタッフの誰かに頼んで、クルマを出してもらわなければ動けないのです。

さいわいワイナリーを建ててからはスタッフの数が増え、居候している若者もいるので運転手には困りませんが、仕事中に彼らをそうそう私用に使うわけにもいかないので、結局頼るのは妻ということになります。ですから、ご機嫌を損ねてストライキなどされないよう、日頃から神経を使っています。ヘソを曲げられてクルマに乗せてもらえなかったとしたら……それこそ村八分より怖いですから。

ファックスからインターネットへ

私は東京から軽井沢に引っ越すときに、ファックスとコピー機を買いました。遠いところまで原稿を取りに来てくれる編集者はいないだろうからファックスは絶対必要だし、手書きの文字をコピーで縮小してから送れば電話代が安くつく、と思ったからです。そうしたら、ファックスとコピー機を買ってくれるならワープロはサービスする、といって、ポータブルのワープロを無料でつけてくれました。

ずいぶん気前がいいな、と思ったら、そういうわけでもなかったようです。

当時、ポータブルワープロというのは画期的な新製品でしたが、どうやらほとんど売れなかったらしい。ポータブル（持ち運び可能）といってもそれは持ち運ぼうと思えば持ち運べないことはない、という程度の大きさと重さで、しかもディスプレーは二行だけ。文字の変換も、法事の案内状を書こうとして「ほうよう」と入力したら「抱擁」しか出てこないという、いまから思えば笑い話のようなレベルでした。そして、とにかくファックスの値段がべらぼうに高かったので、ファックスを買えばワープロをつける、というのは、決して法外なサービスではなかったのです。

ファックスは、百二十万円くらいしました。たしかコピー機が約三十万で、ワープロはただですから、全部で百五十万くらい払った記憶があります。高かったけれども、どうしても必要なものなので思い切って買いました。いまなら十万円台で買える性能だと思いますが、二十年以上も前のことですからしかたありません。

その頃は、ニューメディアだとか、エレクトロコテッジだとかいう言葉は飛び交っていましたが、まだファックスすら一般には使われていなかった時代です。

私がファックスを使いはじめたのは一九八三年ですが、出版社でも編集部にはファックスがありませんでした。あってもたいがいは総務か経理の部屋で、送った原稿が行方不明になることがよくありました。

あの頃「クロスオーバーイレブン」というNHKの深夜ラジオ番組にスクリプト（短いエッセイの台本原稿）を書いていましたが、ファックスで送りたいといったら、ファックスは通信部にあって部長の許可がないと使えないので通信部長が出張から帰ってハンコを押すまで二日間待ってほしい、といわれ、待てないので郵送したこともありました。

「ファックスで送ってもらっても結構ですが、その日はあいにく留守をしているので翌日にしてもらえませんか」

などとトンチンカンな返事をする担当者もいたくらいで、当時の理解はその程度でしかなかったのです。が、私が使いはじめた翌年くらいから、ほぼいっせいに各社の編集部にファックスが入り、それからは原稿はファックスで送るのがあたりまえのようになっていきました。ちょうどその年がブレークスルーのタイミングだったわけですが、私もそのおかげで軽井沢に住んでいても原稿のやりとりが迅速にできるようになり、仕事も減らずに済んだのはありがたいことでした。

しかし、通信手段の発達が田舎暮らしの不便を解消した、ということでいえば、なんといってもインターネットの出現ほどの大事件はありません。

インターネットは、暮らしのスタイルを根本から変えてしまいました。

衛星放送が開始されたときも、これで都会と田舎の格差がなくなった、情報はどこへでも同じように天から降ってくるのだ、といって技術の発達をよろこんだものですが、衛星放送がとくに田舎暮らしに影響を与えることはありませんでした。たしかに外国のニュースが田舎で見られるのはひとつの情報格差の解消ではありましたが、一方通行の放送ではそれ以上のインパクトはなかったのです。

私は原稿を書く仕事なので、調べものをしなければならないときがあります。東京に住んでいたときは、都立や国立の図書館へ行くか、神田の古書店街を歩いて資料を探したものです。大型の書店もたくさんあり、資料を探す場所に事欠きませんでした。

田舎暮らしをはじめてからも、仕事がら各種の辞典や百科事典などレファランスブックの類は手もとに揃えているものの、それ以上の資料は地元の書店では探せないので、必要なときは東京まで出かけていました。都会暮らしの楽しみは、ふらりと散歩に出て本屋に入り、面白そうな本が見つかったらそれを抱えて近くの喫茶店に入る。マスターがていねいに淹《い》れてくれるおいしいコーヒーを飲みながら、静かな店内でゆっくり本のページを繰り、ときに窓の外へ目をやって道行く人の姿を眺める……そういう時間であると私は思っているので、たまに資料探しに上京したときはそんな気分を楽しんだものです。

しかし、インターネットの普及は行動を一変させてしまいました。もう、資料探しに東京へ行く必要はありません。知りたいことがあったら、パソコンの前に座るだけでよいのですから。たとえ人里離れた田舎に住んでいたとしても、いながらにして世界中の情報が検索でき、教えを請えば姿の見えない無数の人が寄ってたかって教えてくれます。

資料探しにかこつけてたまに東京へ行き、本屋さんと喫茶店をめぐる楽しみはなくなりましたが、実はそれ以前に、東京にはそんな本屋さんや喫茶店はなくなっていたのです。

奥さんが本にはたきをかけているヒマそうな本屋。おやじがじろりと眼鏡の奥から客の顔を覗《のぞ》き込む古本屋。懐かしい本屋さんはどんどん町から姿を消しています。

昔ながらの喫茶店も、少なくとも都心ではほぼ絶滅しました。どこへ行っても、同じようなセルフサービスのチェーン店ばかり。もちろんそういう店でもそれなりの楽しみを味わうことはできますが、なんとかバックスも、大型書店も、最近は田舎にだってありますから、東京でなくては味わえない都会の楽しみ、というわけではなくなりました。本屋さんと喫茶店をはしごする楽しみは、むしろ地方の中小都市のほうが出会うチャンスが多いかもしれません。

宅配便が日本を救う

買物も、インターネットで激変したもののひとつです。

それこそ本を買う場合でも、本屋さんへ行くよりネットのほうがずっと早い。

いまや、あらゆるものがそうですね。実際に町で探すより、パソコンの中で探すほうが早く確実に見つかります。東京に住んでいても、都心のデパートや専門店に行くよりネットショップのほうがはるかに能率的です。

たしかに大都会にはモノとヒトがともに集積していて、ヒトの中でモノを探すショッピングという行為の魅力は田舎では味わい難いものですが、モノを手に入れる、という目的を果たすだけなら、インターネットのおかげで都会と田舎の格差はなくなったといっていいでしょう。

それを支えているのが宅配便サービスの充実です。

日本では、インターネットであれ直接の電話であれ、注文すればどこへでも間違いなくモノが届く。あたりまえのように思いがちですが、消費者物流をこれほど正確迅速安全におこなうことができる国は世界でもめったにありません。

それぞれの国には、お家芸とでもいうべき得意の職業があるものです。フィリピン人はその笑顔とホスピタリティーで看護師、介護福祉士、ハウスメイド、もしくはその天性のリズム感を生かして歌や踊りのエンタテイナー。インド人は、貴金属商でなければ理髪師か仕立屋さん。ギリシャ人は船乗りか美容師。ポルトガル人はコンシェルジュ（アパートの管理人）、というように。私は、日本人が世界の中で生きていくには、宅配をお家芸にするのがいちばんいいのではないかと思っています。

商品を、間違いなく、ていねいに運び、正確な時間に、きちんと相手に届ける。しかもその場で代金を受け取り、事務処理までして、帰って会社に報告する。こういうことをやらせたら、日本人の右に出る国民はありません。そういってはなんですが、世界の多くの国では、配達人を信用して現金を渡すことはできないでしょう。ですから、もしも日本が沈没して、外国で生きなくてはならなくなったら、スシ職人になれない人は宅配業者がいちばんです。いや、沈没しなくても、世界中に日本の宅配便システムを広め、汗をかきながら律儀にものを運んでいれば、日本人は世界の敬意を集め、戦争の準備をしなくても平和に生きることができるでしょう。

ええと、すみません、話が横道にそれてしまいましたが、私がいいたいのは、情報と物流はクルマの両輪である、ということです。どちらが欠けても意味がない。世界中をつなぐインターネットは、日本ではその正確な物流に裏打ちされたおかげで、田舎暮らしの強力な助っ人となったのです。

かつては、通信販売は日本では普及しないだろう、といわれたものでした。あれは国土が広大で、ちょっと買物に行くにも何百キロもクルマを走らせなければならないアメリカのような国だから発達したのであって、家を出ればすぐに商店街があるような狭い日本では利用されないだろう、というのがおおかたの予測だったのです。見事に外れましたね。

もう、山の中の温泉宿でも、黒くなったマグロ（クロマグロではありません。古くなったマグロ）を食べなくていいのです。ネットでもファックスでもあるいは電話一本でも、新鮮な魚介類をすぐに取り寄せることができるのですから。

私もときどき、取り寄せ便を利用します。信州のスーパーにも最近は富山や新潟から獲れたての魚が直送されてくるので、昔のように山の中だから新鮮な魚が食べられないというわけではないのですが、たまにお客さんが来るときなど、季節のおいしい魚を北海道や能登、四国そのほかの魚屋さんに注文します。注文すればすぐに送ってくれるので、現地の魚が東京に住んでいる人より早く手に入る。場合によっては、築地の卸売市場で買うより新鮮です。

魚に限らず、いまや取り寄せ便は百花繚乱《りょうらん》ですね。雑誌やカタログを見ると全国各地のおいしそうな食べものがずらりと並んでいて、みんな注文したくなってしまいます。おなかが空いていなくても、食べたいという欲望を抑えることが難しい。

田舎暮らしでも、物欲は満たしたいものです。

いくら手づくりの暮らしをするにしても、なにからなにまで……というわけにはいきません。必要なものは買わなくてはならないし、必要でなくても欲しいものがある。便利なもの、贅沢《ぜいたく》なもの、流行しているもの。我慢しているばかりでは楽しくありません。作務衣を着てロクロに向かい、玄米と無農薬野菜だけで暮らす。それも尊敬すべきライフスタイルですが、どうも俗っぽい私には苦手です。きれいな空気と広い空、豊かな自然に囲まれた田舎で、お洒落《しやれ》に楽しく暮らしたい。

そのためには、楽しめない不便さ、は困ります。さいわいなことに、この何年かの急速な変化により、インターネットと宅配便という欲望満足装置が揃ったからこそ、エコロジストやドロップアウトでなくても田舎暮らしができるようになったのです。

第四章　スローライフは忙しい

私のところへは、ときどき雑誌やテレビなどの取材が来ます。ワイナリーのことや、田舎暮らしのライフスタイルを紹介する記事や番組のためです。どうして田舎暮らしをはじめたのか、なぜワイナリーをつくろうと思ったのか、一日をどう過ごしているか、などについてインタビューがあり、ブドウ畑で作業をしているところ、ガーデンで絵を描いているところ、あたりの風景を眺めながらワインを飲んでいるところ、などを撮影します。

カフェのテラスで夕日を見ながらワインを飲むシーンは、多くのメディアが好んで求めるものです。きっと、優雅な田舎暮らしの象徴、と思われているのでしょう。撮影をしながら、取材に来た人はかならずこういいます。

「玉村さん、スローライフですね」

なかには、こういう人もいる。

「これが、ロハスな暮らし、というやつですね」

同じような取材に来ても、三年前にはスローライフという言葉を使う人はいなかったし、二年前まではロハスという言葉も聞いたことがなかった。ところが最近はみんながどちらかの語を使う。そして、これまた異口同音にこう付け加えるのです。

「羨ましいなあ、毎日夕日を眺めながらワインを飲む生活なんて」

おいおい、待ってくれよ。

いまでこそ慣れたからムッとした表情こそ見せなくなりましたが、

「君がやれっていうからやってるんじゃないか。撮影がなければほかにやることがいっぱいあって、こんなことはしていられないんだ」

と腹の中では叫んでいる。

実際、カフェのテラスで私がワインを飲むのは撮影のときだけで、営業期間中はふつう客席には座りません。冬の休業期間中は椅子もテーブルもかたづけてしまうし、だいたいまだ明るいうちからそんなふうに悠長に時間を潰しているヒマはないのです。

絵も描かなければならない、原稿も書かなければならない、野菜の収穫もしなければならない、カフェのメニューも考えなければならない、ショップの什器《じゅうき》も修理しなければならない、犬小屋の掃除もしなければならない、電球も取り替えなければならない、手紙も書かなければならない、食事の用意もしなければならない……とにかくやらなければならないことが目白押しなので、美しい夕日の風景は、台所仕事をしながらふと外を見ると空が真っ赤に染まっているので手を拭きながらあわてて飛び出して、せいぜい三分間くらい眺めるのが関の山。あまり忙しいというのも恥ずかしいので大きな声ではいいませんが、スローライフは本当に忙しいのです。

スローライフとロハスの違い

スローライフというのは、ゆっくり、スローに暮らすこと。

どうやら、マスコミ関係者も含めて、多くの人はそう勘違いしているようですね。

ゆっくり、のんびり、暮らそうよ。そんなに急いでどこへ行く。忙しいとは心を亡《な》くすと書きます……高度経済成長が一段落したあとにはそんな言葉が流行《はや》ったものですが、スローライフという言葉は、古くからあったようで実はかなり新顔です。

言葉としてはイタリアで発祥したスローフード運動のほうが先で、それをフード（食べもの）以外の暮らし全体にあてはめて、スローライフ、といいはじめたらしい。

スローフードはいわゆるファストフードの反対語として提唱された造語であり、ハンバーガーに代表されるような（なにが入っているかわからない）ジャンクフードを食べないで、料理や食べものはできるだけ手づくりし、郷土に伝わる野菜品種や特産品や伝統的な調理法を守り、みんなでゆっくり食卓を囲んで食べましょう、というのがスローフード運動の趣旨と理解していいでしょう。ゆっくり食べる、には違いありませんが、自分で料理をつくるのだから手間がかかる。野菜から自分で育てるならもっと時間がかかる。つまり、手間と時間をかけて毎日の食事を楽しもう、というメッセージです。

買って食べれば簡単に済むファストフードと違って、自分でつくる労を惜しまないのがスローフード。のんびりスローに食べるだけではないのです。

だとすれば、スローライフの意味もおのずから明らかでしょう。

スローライフとは、暮らしに手間をかけるライフスタイルです。なんでも簡単に買って済ませたり、人に頼んでやってもらったりするのではなく、生活に必要なこまごまとしたことをできるだけ自分たちの手でこなし、すぐに結果を求めるのではなく、その結果に至る過程を楽しむこと。

たとえば本棚ひとつにしても、家具屋さんで買うか、それこそインターネットで発注すればすぐに届き、届いたその日から使えます。が、まずはホームセンターへ行って材木と釘と接着剤を買い、道具箱からノコギリと金槌《かなづち》を引っ張り出して日曜大工をはじめたとしたら、完成するまでに二日や三日はかかるかもしれません。

たとえ能率が悪くても、暮らしを他人まかせにしないほうを選ぶ。

たとえ仕上がりは無骨でも、大量生産品よりも手づくりの面白さを好む。

既製品の本棚を買わずに日曜大工でつくろうとする人は、傍《はた》から見ればヒマそうに見えますが、やっている本人はけっこう忙しい。その分だけ、ほかのことをやる時間が削られるのですから。それよりも、なんでも出来合いを買って済ませるファストライフのほうが、よほど時間に余裕があるのんびりした暮らしです。

田舎暮らしは、基本的にスローライフです。どんなにものぐさな人間でも、田舎に住んでいる限り、落ち葉が落ちたら落ち葉を掻き、雪が降ったら雪を掻き……最低限生活に必要なことは自分たちの手でやらなければなりません。おカネさえ払えば誰かがやってくれる、ということばかりではないのです。田舎では、暮らしにかかわるもろもろの仕事に時間を取られることが、都会と較べると非常に多い。

スローライフも新しい言葉ですが、ロハスはもっと最近の言葉です。もとはアメリカで考案されたマーケティング用語ですが、日本に伝わるとあっというまに広まりました。ロハスな暮らし、ロハスな製品、ロハスな奥さん。なんにでもくっつけられる語呂のよさと、なんとなくイメージは伝わるがなにをいっているのかわからない便利さで、広告代理店が重宝しています。

ロハス（LOHAS）は、“LIFESTYLE OF HEALTH AND SUSTAINABILITY”の頭文字を取ってつなげた略語です。直訳すれば、健康と持続性のライフスタイル。日本語に訳してもまだわかりませんね。

わかるように意訳するなら、

「健康に気をつけてバランスのよい食事や適度な運動を心がけ、次の世代によい環境を残せるように配慮する、地球に優しい暮らしかた」

とでもいうところでしょうか。

世の中にはいろいろな人がいて、ジャンクフードを食べて太ってもいっこうに気にしないアンチダイエットおばさん、メタボリックシンドロームといわれても居酒屋通いがやめられないメタボリおやじ、タバコを喫《す》うのは個人の自由だから勝手にさせろというスモーカー教徒、いくら分別《ぶんべつ》を教わっても燃えるゴミと燃えないゴミの区別がつかない分別音痴など、現代社会の趨勢《すうせい》や流行と無縁の人びとも少なくありませんが、その中で、健康的な生活に関する正しい知識と地球環境に関する進んだ認識をもつ、知的レベルの高い、したがっておそらくは可処分所得も高い消費者層、というのがロハスの該当者であると考えてよいでしょう。

このロハスという用語が非常に巧妙なのは、持続性、という語の使いかたです。

「SUSTAINABLE（持続的）」という語は、維持する、継続する、などの意味をもつ動詞SUSTAINから派生したもの（その名詞形がSUSTAINABILITY）ですが、現代では、環境、という語に対する形容詞として広く使われるようになった言葉です。つまり、地球の資源を自分たちの世代だけで使い尽くすのではなく、子供たちや孫たちにも引き継いで残すために、無理な開発や不要な破壊を控え、いつまでも細く長く使い続けよう、という意味で「持続的」というのですが、ロハスの原語では、「持続性」という言葉の対象がわかりません。なにを持続するのか、肝腎なところが曖昧なのです。

そこで、都合のよい恣意《しい》的な解釈が登場します。持続性というのは、環境にもかかわるが、同時に、そういうライフスタイルが無理なく続けられる、という意味でもあると。

私の知る限り、ロハスという言葉を考案したアメリカの社会学者たちも、この解釈を否定していないようです。というより、むしろ曖昧さの中にそうした意味を込めて、積極的に「無理をしない」点を強調しているようにも見受けられます。

ソーラーパネルのある家に住み、高くても燃費のよいハイブリッドカーに乗り、環境問題に積極的に取り組む企業の品物を買うなど、他人《ひと》に自慢できそうなことはやるけれども、厳格なエコロジストになるのはちょっと辛いし、やっても長続きしない。

健康に注意してヘルシーでナチュラルな食べものを選び、必要ならダイエットをしてスリムな体形を維持し、ジョギング、ウォーキング、ジムワーク、ヨガ、ピラティス、太極拳など、からだを動かすことにも積極的だが、疲れたら休み、気が進まないときはサボり、要するに無理をせず自分にできる範囲で続ける。

ロハスな消費者の「持続性」というのはそんな感じでしょうか。それなら誰にもできそうだ（できる範囲、でいいのなら、誰にでもできる範囲はある）、ということで、一挙にテレビや雑誌の広告にロハスという言葉が溢《あふ》れ出したのです。

これは私の感覚ですが、ロハスという言葉には、やや都会的な匂いがします。田舎に移住してジャガイモの畑をつくる、というより、マンションのベランダでバジリコを栽培する、というような。要するに、軟弱な感じ、ですね。もちろん、それが悪いといっているわけではないのですが。

東京から軽井沢に引っ越したとき、庭仕事をやるために東急ハンズでスコップを買ってきたことがあります。地元のホームセンターで売っているシャベルより、そのほうがデザインがお洒落だったからです。

しかし、庭に樹を植えるために穴を掘ろうとしたら、そのスコップという名で売られていたシャベル（辞書を引くとスコップはシャベルと同義、また小型のシャベルという意味もある、と書いてある）は、なんと最初の一撃でふにゃりと曲がってしまった。

もちろん東急ハンズの売場にはもっとヘビーデューティーな本格シャベルもあったはずで、つい見栄《みば》えだけで弱いのを選んだ私が悪いのですが、ロハスという言葉を聞くと、なぜか先の平たい部分だけが曲がって反対側に反《そ》り返った、あの赤いお洒落なスコップを思い出します。

田舎暮らしは男のロマンか

さて、言葉の定義はこのくらいにして、いよいよ核心に触れる問題に入りましょう。

奥さんのことです。

田舎暮らしの成功は、奥さんの協力なくしてあり得ない。

が、奥さんはあなたの田舎暮らしの提案にかならず反対する。

なぜでしょうか？

「俺は、田舎暮らしをするぞ」

定年が近づいたある日、突然、夫がそう宣言したとします。奥さんはなんというでしょうか。

「わかりました。私もついていきます」

……という答えは、まず期待しないほうがよさそうです。

「え、どうして?」

奥さんはびっくりします。そこへ夫が自慢げにいう。

「これは、男のロマンだ。俺はずっと前から考えていた」

こういう展開になったら、まずダメですね。

「そう。わかったわ」

奥さんはそういいます。が、わかった、からといって、いっしょに行くことに同意したわけではありません。

「それなら、あなた、勝手にして。私は行きませんから」

「なんだ、おまえがよろこぶと思ったのに。空気はきれいだし、無農薬でうまい野菜をつくるんだぞ。食べたくないのか」

夫は意外な展開にうろたえるが、奥さんは平然として、取りつく島もない。

「おいしい野菜ができたら、送ってちょうだい。待ってるわ」

この一言で男のロマン氏は、定年後は田舎に単身赴任、となります。けっこう淋しいものがありますね。

田舎では、ひとり暮らしは辛いものです。もちろんこれを機会に妻と別れて新しい人生の展開を期待するという意図があるなら話は別です（そのために妻の嫌いな田舎暮らしを提案するのは、ひとつの手かもしれません）が、そうでないなら、きちんと手順を踏んで、奥さんを田舎暮らしに賛同させる必要があります。ここが、田舎暮らし実現作戦の最大のポイントです。

奥さんはなぜ田舎暮らしに反対するのか

では、奥さんはなぜ田舎暮らしに反対するのでしょうか。

田舎の暮らしは、基本的にスローライフであることを思い出してください。落ち葉が落ちたら落ち葉を掻き、雪が降ったら雪を掻き……それだけではありません、町から離れた場所で一軒家に住むとしたら、自分たちの手でやらなければならないことが無数にある。ちょっと町まで出かけるにしても、マンションに住んでいたときと違って戸締りだけでも手がかかるし、家が広ければ掃除も大変、庭があれば手入れが面倒、毎朝のゴミ出しも収集所が遠いからクルマに乗って行かなければならない。それも冬の朝だったりしたら、フロントガラスがガチガチに凍っているからまずスクレイパー（プラスティックの刃がついた三角の氷剝がし）でごしごし擦《こす》って氷を落とさなければ発進できない。いや、その前に朝からダウンジャケットを着込まなければならなくて……。

たしかに空気はきれいだが、田舎は風が吹くと埃《ほこり》が舞う。わが家では、初夏になると黄緑色のアカマツの花粉が家の中まで入り込んできて、最初は近所のリンゴ畑の消毒薬が飛んできたのかとびっくりしました。軽井沢では、カラマツの樹液が庭中に飛び散って、駐車しておいたクルマの屋根がベトベトになって往生した。夏になれば巨大な蛾《が》が窓ガラスにとまってワラワラと羽を動かすし、カメムシは一年中いるので見つけたら臭気を発しないように静かに紙に取って外へ捨てる。やれやれ。

掃除、洗濯、炊事、という三大家事のほかに、こういう田舎ならではのもろもろの始末を、誰がやるかといえば、結局そのほとんどを奥さんがやることになるのです。カラマツやカメムシまでは具体的に想像しなくても、女性は敏感ですから、田舎暮らしと聞いただけで、自分の負担が増える、と奥さんは直感的に理解します。だからとりあえず直ちに、反対する。

別荘暮らしだってそうじゃないですか。

さあ、別荘に行こう、といって、着いたらまず雨戸を開けて、大掃除、ふとん干し、食事のしたく。そして週末を過ごしたら、台所の後かたづけ、洗濯物の始末、ゴミの処理、あちこちの戸締り……これじゃあ、まるで別荘に家事をやりに来たみたい、と奥さんは嘆いて、それならホテルに泊まるほうがいい、温泉旅館ならもっといい、ということになるのです。奥さんにとっては、据え膳で料理が運ばれてくる、ふとんの上げ下ろしもしなくていい、それだけでなによりのリゾートになるのですから。

もちろん、奥さんも自然大好き人間で、夫といっしょに田舎暮らしの計画を練っているというケースもあります。また、むしろ奥さんのほうが積極的に田舎暮らしを望むケースもあります。そういう場合は、問題ありません。男はついていくだけでいいのです。うちの場合もそうで、「夫唱婦随」ではなく「婦唱夫随」だったからうまくいったのです。

が、ふつうは、奥さんは都会を好みます。デパートやショッピングモールに買物に行く、買うつもりはないがブランド品の品定めをする、買物をしながら友だちとおしゃべりする、友だちと会ってお茶をする……。彼女たちにとって、ショッピングと友だちづきあいはなによりも大切なものなのです。もしも田舎に行ったとしたら、見知らぬ土地ですぐには友だちもできず、町へ行っても商店街は淋しすぎて、ふたつの大きな楽しみが同時に奪われる可能性がかなり高い。奥さんたちが警戒するのも当然でしょう。

田舎暮らしは、向いている人と向いていない人がいるので、そもそも向いていない人を田舎の方向に振り向かせるのは難しいと思います。

が、夫が田舎暮らしを希望し、妻も説得すれば同意しそうだ、という場合は、工夫して作戦を立てればなんとかなるかもしれません。

よい季節に景色のよいところへ旅に誘い、田舎も悪くないわね、と思わせる。

友人といっしょに別荘を借りて数日間生活し、妻たちに負担をかけないように、バーベキューなどやって歓心を買う。

田舎暮らしを夫婦で楽しんでいる先輩に引き合わせる。

まあ、アイデアならいろいろ考えることはできますが、どれも、ひとつ間違うと逆効果になる恐れもありそうです。それよりも、日頃から夫婦の会話を絶やさない、できるだけ家事を手伝う、ふたりでともに楽しめる趣味を見つける、肉体労働に耐える体力や生活の知恵や技術があるところを見せて、この人となら田舎暮らしをしても大丈夫と思わせる……など、王道を行くしか手はないかもしれません。

ついこのあいだも、近くの料理屋で一杯飲んでいたのですが、カウンターにタマゴが置いてあったので焼いてもらおうかと思って板前の主人に声をかけると、

「このタマゴね、東京のほうから脱サラして引っ越してきた人がつくってるんですよ。山の中の広い土地に、大きな鶏小屋を建てて。本物のタマゴが食べたいからって、飼料も天然のもので、放し飼いで運動させてるから、おいしいですよ」

「へえ、脱サラねえ」

「なんでも株だかITだか、収入はたくさんあったらしいけど、その仕事をやめて」

「引っ越してきちゃった」

「そうなんですよ」

「で、奥さんはいっしょ？」

私はつい気になるのでそう聞いてみた。

「いや、それがね、最初はいっしょに来てたんですよ。でも、やっぱり無理だっていって
すぐに帰っちゃった」

「やっぱり」

「ご主人は、計画があったから、何度も奥さんを連れてその場所に行ってたらしいです
よ。近くに温泉があるからそこに泊まって。奥さんも、素敵な土地ね、って」

「いいじゃないの」

「だけど、旅と生活は違うから。旅行で来ていいなと思った田舎が、住んでみたらとんで
もないとこだった、ってことは、よくありますからね」

「……」

「自分らは田舎生まれだから、まあ、田舎はそんなもんだ、と思って最初から暮らしてますけどね、自分らから見ればあたりまえのことが、都会から来た人には耐えられないってことが、きっとあるんでしょうねえ」

「それでも彼は、ひとり山の中に残って、養鶏をやってるわけだ。それが、彼の夢だったのかな」

「奥さんと子供においしいタマゴを食べさせたい、と思ってはじめたらしいですよ」

ちょうどこの本を書いている最中だったので、この話は胸に沁みた。

どんな田舎に住みたいのか

田舎にもいろいろな田舎があります。

本当に人里離れた山の中。窓を開けても人家は一軒も見えない。

町からは遠く離れていて、緑の中だが、付近には何軒かの人家がある。

町はずれの、何軒かの古い家が散在している地域で、周辺には田畑が広がっている。

農村地帯の、集落の中。

森を削って造成した土地で、業者によって複数の区画が売りに出されている。住民は都会から引っ越してきた人がほとんどである。

田舎暮らし、とひとくちにいいますが（私もひとくちにいってきましたが）、人によって理想は異なります。どんな田舎に住みたいのか、まず自分の中の「あらまほしき田舎」のイメージを固めるところから、土地探しははじまります。

私たちは、クマの通り道でもある里山の森を一部切り取って平らにし、そこに家を建てました。畑は三千五百坪も手に入ったのですが、農地なので家が建てられず、隣接する山林を別に買いました。造成する前は山の上の鬱蒼とした森で、え、ここに家を建てるんですか、と建築業者も驚いたくらいのところです。東京の友人を案内したら、

「おまえ、こんなところに住むつもりか」

と、あきれ顔をして帰っていきました。

しかし、造成した土地に井戸を掘り電気を引き、家が建つと、あたりの風景は一変します。あきれて帰った東京の友人を再び呼んで家を見せたら、

「いいところだなあ。この近くに土地はないか。俺も引っ越してきたいよ」

というではないですか。彼は山の中には住みたくないが、山の中に住む友人の近くには住みたいのです。

田舎暮らしをしたいという東京の友人を、私は何人も案内したことがあります。実際にドライブしてあちこちの土地や家を見てまわり、相談に乗ってやる。

土地を見て歩くのは楽しいものです。

「ここはいいね。眺めがいい。でも、あそこにある古い家が邪魔だね」

「あれを壊して、こっち側に私たちの家を建てれば……」

勝手に人の家を壊したりしながら想像に遊ぶことができる。

「ここまで山をのぼってくると、さすがに人家はなくなるね。森に囲まれて、このあたりはなかなか素敵じゃないか」

同行の友人にそういうと、返事がありません。

「だって、森の中がいいって、いってたじゃないか」

「いや、でもさ、まわりは森しか見えないじゃないか。窓を開けると、近くに人の家が見えたほうが、淋しくなくていい」

森の中というから私はなにもない森の中を想像していたのに、彼は森の中の別荘地のような場所を求めていたのです。田舎暮らしといっても、近くに人家がないと不安だ、という人は案外多いものです。

そういう人は、そういう田舎を選べばよい。わざわざ都会から引っ越してくるのにそれでは面白くない、という見方もあれば、町のようなところでもすぐ近くに自然があり、畑をやる土地もあるのだから楽しい田舎暮らしができる、という見方もあります。

東京や大阪からどこかの地方都市に移るのは田舎暮らしではなくて転勤に近いかもしれませんが、それでも地方都市の郊外だったりもっと小さな町だったりすれば、田舎暮らしを味わうことは十分に可能です。地方に生活する人は、平日は町の会社で働きながら、週末には家の田んぼを見まわり、夏は近くの川にアユを釣りに行き、冬はクルマで二十分のスキー場へ行く、という、まさしく田舎暮らしを楽しんでいるのですから。

町から離れた自然の中で、しかも近くに人家があるほうがいい、という人は、業者が開発したリゾートタウンの区画を買うのもひとつの手です。そういうところの土地は一般の農地や山林に較べると何倍も高いですが、自然のままの山林を買って自分で造成して必要なインフラを整えるとしたら、結局は業者の売り値と大差がなくなる、ということは覚えておいていいでしょう。

すでにできあがったリゾート地の別荘なら、話は比較的簡単です。

まず、別荘を買ってそこにしばしば滞在する。慣れたら通年で住めるように改造し、本格的に生活の拠点をそこに移す。段階を踏んだ移住は賢明な方法です。

別荘地でなくても、都会と田舎にふたつの家をもって、状況の変化に応じて両方を利用する、という人もいます。田舎暮らしのかたちは、それを望む人の数だけある、といっていいでしょう。

私たちが軽井沢に引っ越そうとしたときも、田舎暮らしのイメージがなかなかつかめませんでした。はじめは東京のマンションも借りたままにしておいて、往復しながら暮らそうかと考えたのですが、家を建てるのにおカネがかかって、マンション代がもったいないので引き払ったのです。その結果、とにかく田舎で暮らすしかない、と覚悟を決めたわけですが、引越しの日の碓氷峠はものすごい濃霧で、白い道をノロノロと進みながら、先が見えないのは自分たちのこれからの暮らしと同じだ、と思った記憶があります。

軽井沢は歴史のあるリゾート地なので、地元の住民は古くから外来者とのつきあいに慣れています。私たちは本籍も住民票も移してもちろん通年で住んでいたのですが、地元の人からは「一年中住んでいる別荘の人」と扱われていたようで、寄り合いに出ろとか隣組に入れとかいう強制はいっさいありませんでした。

私たちも、東京の六本木や白金台のマンションから、一足飛びにクマのいる里山に移り住んで荒地を開墾することはできなかったでしょう。軽井沢の八年間が、格好の田舎暮らしの予行演習になったのです。

軽井沢町は常住人口が一万五千人、夏の別荘人口が十五万人、訪れる観光客が五百万とも八百万ともいわれる特殊な町で、夏の別荘地には都会と文化の風が吹いていますが、住民になってはじめての選挙に出かけたときは驚きました。

投票所は地区の公民館といわれる古い壊れそうな建物で、引き戸を開けて中に入るとまず大きな囲炉裏があり、投票所、と書いた紙が貼ってなければ農家か廃屋に紛れ込んだと思うに違いない、映画に出てくるようなところでした。囲炉裏の奥の扉を開けた部屋が投票所で、地元の選挙立会人たちが、野沢菜を食べながら投票を監視しています。投票箱は、狭い部屋なので、立会人のすぐ目の前にある。田舎の選挙では誰に投票したのかがわかるから、頼まれた人の名前をそのとおりに書かないとあとで脅《おど》かされる、という話を聞いたことがあります。でも、まさか、囲まれたブースの中で小さい紙に書くのだから、いくらなんでもわかるまい、と思っていたのですが、本当だったんですね。こんな至近距離でうしろから監視されていたら、たしかにわずかな肘《ひじ》の動きで誰の名前を書いたのかわかるかもしれない。なるほどこれが噂に聞く田舎の選挙なんだなあ、と感動しました。

世界的なリゾート地である軽井沢にも、そういうド田舎なところがある。

一方、名も知れぬふつうの田舎にも、もう、都会の風は流れ込んできています。

都会と田舎はいまやモザイクのように入り組んでいるので、田舎暮らしも多様化しています。が、どんな田舎暮らしであれそれは暮らしに手間のかかるスローライフであり、スローライフの成功は夫婦の協力なくしてあり得ない、というのは変わらない真実です。

第五章　田舎暮らしの意味するもの

カネで買えないものはない。

そう、公言する人がいるし、本当にそう思っている人もいる。

しかし、世の中には、カネで買えないものもあります。田舎暮らしは、そのひとつではないでしょうか。

たしかに、大金持ちなら、田舎に広大な土地を買って、豪勢な邸宅を建てさせ、ヘリコプターで遊びに行くことも可能でしょう。しかし、それはホテルのオーナーが自分のホテルを見に行くようなもので、オーナーなら草刈りがやりたいといえばやらせてもらえるかもしれないが、田舎暮らしのよろこびとはまた別のものです。

田舎に居を構え、自分の手で草を刈り、土を耕し、周囲の自然と折り合いをつけながらつつましく毎日を暮らす。額に汗して精一杯働き、風呂に入って唸《うな》り、酒を飲んで頬を緩める。誰に指図されるのでもない、自然の則《のり》に従った暮らし。人間が生活するのだから田舎でもカネはかかるが、都会で暮らすよりは安く上がる。だいいち、カネをもうけた先になにかの目的があるわけではない。死ぬまでの時間を愉快に過ごせればそれでよいのである。そんな境地に達することができる田舎暮らしは、決してカネでは買えません。

大工さんの日曜大工

田舎暮らしがいま多くの人の関心を呼んでいるのは、大袈裟《おおげさ》にいえばですが、ひとつの歴史的必然ではないかと私は考えています。

戦後の混乱期を離陸し、経済成長を実現して、バブル期を経て次の時代へ向かおうとしている日本。きわめて高度に発達した資本主義は、個人生活のあらゆる場面を市場化して金銭の対象とし、そのために生活の輪郭線はますます不分明になり、手ざわりのある暮らしの実感は日に日に薄れていく。その中で、私たちは、自分の暮らしを自分の手に取り戻すために、自分の時間を自分の自由に使うために、いったいなにをすることができるのでしょうか。

大工さんの日曜大工、というたとえ話を私はよくします。すでに講演などで聞いたことがある人がいるかもしれませんが、はじめてのような顔をして聞いてください。

あるところに大工さんがいました。

ある朝、仕事に出かけようとしたら、妻がいいました。

「あなた、台所の棚が壊れているの。こんど直してくれない?」

大工さんはいいました。

「わかった。明日は仕事がないから、俺が棚を直してやろう」

あくる日、大工さんは一日かけて台所の棚を直し、ついでに天井もきれいに張り直しました。さすがにプロの腕です。見違えるようにきれいになった。

しかし、大工さんにとってこの一日は休日でした。だから一銭の収入にもならない。修理は妻の注文でしたが、妻が修理代を払ってくれるわけではありません。

この大工さんには、水道屋さんの友だちがいます。

ある日、その水道屋さんから電話がありました。台所の棚が壊れたから、直してくれないか。わかった、明日、直しに行こう。大工さんはそう答えました。

それを聞いていた大工さんの妻がいいました。

「あなた、そういえばうちの水道が壊れているの」

「じゃあ、あいつにうちの水道を直してもらわないと」

結局、大工さんは水道屋さんの家に行って棚を直し、水道屋さんは大工さんの家に行って水道を直しました。さすがにプロの腕です。両方ともきちんと元どおりになった。

さて、ふたりともプロですから、タダで仕事をするわけにはいきません。代金の支払いはどうしようか。後日、顔を合わせて相談しました。

ふたりとも、一日の手間賃が二万円。たいした材料もかからなかったから、たがいに材料費は請求しないことにして。

「じゃあ、二万円渡すから、俺にも二万円……」

「待てよ。ちょっと待て。二万円ずつ払うなら、差し引きゼロじゃないか。だったら、払うのバカバカしくない？」

料金を払えば所得になる。所得になれば税金がかかる。それなら、友だちなんだから、ここはひとつ、なにもなかったことにして、代金はチャラってことで。

話し合いがまとまり、ふたりは出しかけた二万円を財布に戻して、笑顔で別れました。

これで税金の分だけ得をした……。

仕事は終わったが、カネは動かなかった。たがいがたがいの家を訪ねて修理作業をおこなったあの日は、ふたりにとっては休日だったことになりました。

正当な労働の対価としてたがいが二万円ずつを請求し、支払いが完了したら、その経済活動は合計四万円としてＧＤＰ（国内総生産）に加算されます。

が、チャラにした場合は、おカネが動かなかったわけですから、経済活動はおこなわれなかった、ということになる。資本主義の社会ではたくさんのおカネが動けば「景気がいい」といい、動かなければ「景気が悪い」というように、動いたおカネの多寡《たか》でしか表現ができないのです。しかし、大工さんの家の水道はきれいに直り、水道屋さんの家の棚もきちんと直っていて、ＧＤＰに四万円の差があっても生活の質（クオリティー・オブ・ライフ）に変わりはない。

これは、経済外活動、または非貨幣経済、などといわれるものの一例です。田舎暮らしには、ものを買わずに自分でつくる、人に頼まず自分でやる、など、経済外的な活動がかなり関係してきます。すべてがおカネに換算される世の中で、おカネに換算することのできない(つまりカネで買えない)仕事をやることは、大きな癒しになる可能性を秘めています。

非貨幣経済では、おカネの動きは少なくても、そのわりに生活の質は高く保たれます。それは、まさしく私たちの田舎暮らしが求めるありかたにほかならないのですが、世界の国や地域の中には、まだ、そのようなゆるやかな経済の枠組みが残っているところがたくさんあります。

イタリアも、ユーロの導入以降、物価がずいぶん上がりました。商品価格のリラをユーロに換算するときに売り手が有利になるようなレートを勝手に設定した店もあり、収入のレベルからするととても買えないような価格の商品が店には並んでいます。

田舎のレストランで食事をしていると、ワインを納めに来た近所の農家の人が、ゆっくりランチを楽しんでいました。ワインの値段は安いのによくそんな余裕があるものだと感心しましたが、聞いてみると、彼はワインを置いていくかわりに食事をする、という約束になっているのだそうです。つまり、早い話が、物々交換ですね。

物々交換はもっとも代表的な経済外活動のひとつですが、モノが手間に代われば大工さんと水道屋さんの関係になるわけです。ヨーロッパの古い国などでは、とくに景気がいいわけでも給料がいいわけでもなさそうなのに、なぜかみんなが満足して、豊かそうに暮らしている。それは、過去に築いた財産が大きかった、というだけでなく、どこか経済の枠組みがゆるく設定されていて、実際に動くおカネとは別のところで生活の質を高く保つ知恵を働かせているからではないかと思います。

産業革命がやってきた日

日本も、いまでこそがんじがらめの「金（カネ）縛り」にあっていますが、昔はもっとゆるい世界がありました。そういう意味でいえば、いわゆる産業革命以前は、世界中でいまよりもずっとゆるやかな経済活動がおこなわれていたのです。

産業革命は、十八世紀後半から十九世紀中頃にかけてイギリスを中心に巻き起こった経済生産活動の大変化で、これを契機に家内制手工業から工場制機械工業へと転換して大量生産時代がはじまった、とされるものです。もちろん全体的にはさまざまな要素が複雑に入り組んだもので、こんなふうに簡単にいってしまってはいけないのですが、どうせ学校で習ったことなどほとんど忘れているのですから、ここでもう一度、もっと簡単な話でこの難しい言葉を復習してみましょう。

産業革命とは、簡単にいえば次のような話です。たとえ話が多くてすみません。

あるところに、小さな町工場がありました。

おとうさんは自宅にある作業場で小型の製造機械を使って金属の加工品をつくり、若い見習いの小僧がそれを手伝っている。おかあさんは子供の面倒を見たり、洗濯をしたり、作業場を掃除したり、製品ができあがると布で磨いて箱に詰めたりするなど、こまごまと働いている。お昼になるとおかあさんがみんなの食事を用意し、一家はお祈りをしてから食卓に向かう。

そんな町工場に、ある日、知らせが届きました。

来週から、隣町の大きな工場へ来るように。

いつも製品を納めている、仕事の発注元からのお達しです。資本家として知られるその主人が、隣町に工場をつくったらしい。これまでそれぞれが自宅の作業場でやっていた仕事を、これからは全員が揃ってその工場でやるのだという。

さて、おとうさんが工場で働くようになってから、一家の暮らしは大きく変わってしまいました。

おかあさんは、やることがなくなった。掃除や洗濯はするが、それは家庭の中だけの、家事という名のプライベートな仕事です。以前は作業場の床や機械の周辺を掃除することは作業の安全と能率を保つために必要な生産現場の仕事でしたし、汚れた布や衣類を洗濯することは明日の生産活動のための準備でした。生産から切り離されて、やることの量は減ったが、同時にやりがいもなくなった。専業主婦の誕生です。

主婦は、食事のしたくをしても、昼はいっしょに食べるおとうさんがいない。

イギリスでもフランスでもほかのヨーロッパの国でも、お昼の食事が一日のうちでいちばん大切な食事で、そのときはかならず一家の主人が食卓の中央につき、手づくりの温かい料理を分け合って食べるのです。ディナー（正餐）というのはその食事をさす言葉で、本来は昼食のことを意味していました。

おとうさんは工場で、家から持参した弁当を食べます。おとうさんがいないので、おかあさんは残りもので簡単に昼食を済ませ、温かい料理は夕食のためにとっておくようになります。で、夕方おとうさんが帰宅して一家が揃うのを待って、ディナーをはじめる。

こうした事情で思いがけなくディナーという言葉が昼から夜に移行してしまったので、お昼ご飯をさす言葉がなくなった。そこで頭をひねった結果、ランチ、という言葉が探し出されました。ランチというのは、もともと貴族が昼前にとる軽い食事を意味する語でした。貴族というのは働かなくていい人たちなので、ゆっくり朝寝坊して、食欲がないので朝はろくに食べず、昼近くなってから、なにかパンのかけらかクッキーのようなものをつまむ。それがランチです。空白になった昼食の位置に、貴族の使う言葉だからお洒落に聞こえるだろうということで、ランチという言葉をあてはめたわけです。

つまり「三食昼寝つき」といわれる専業主婦も、サラリーマンのランチタイムも、ともに産業革命によってこの世に生まれたものなのです。

オジサンとオバサンの成り立ち

こうしておかあさんはヒマになりました。

家の中をきれいに掃除しても、誰の役にも立たないからつまらない。以前なら、自分の仕事が一家を支えているという実感があったのに。洗濯をしても、炊事をしても、いまは空しい気分です。

おとうさんは月末になると給料をもらって帰ってくる。ほら、十万円。銀行振込ではありません。

「ありがとう、おとうさん」

そういってから、あれ、どこか、おかしいぞ、とおかあさんは思います。

以前は、夫婦いっしょに朝から夕方まで家の中で働いて、何箱かの製品をつくって発注元に納め、ふたりで十万円を稼いでいたのです。同じ十万円なのに、いま私はこの人にお礼をいってもらっている……。

一瞬不思議そうな顔をしたおかあさんを見て、

「俺が稼いだカネだ。なにか文句あるか」

と、おとうさんは腹の中でつぶやきました。

実はこの私も、田舎暮らしをはじめるまで、自分が原稿を書いてもらった原稿料は、自分ひとりで稼いだものと錯覚していました。社会的な報酬を得る仕事のために、どれほど妻や家族のプライベートな支えが必要か、気づかなかったのです。

田舎暮らしはスローライフですから、毎日を暮らすのにさまざまな手間がかかります。その全部をひとりで引き受けていたとしたら、私はおそらく原稿を書く時間を確保することはできないでしょう。料理をつくるのは私の仕事なのでこれはやるとしても、掃除や洗濯は妻にまかせ、電話に出るのも来客に応対するのも妻です。買物に行く、宅配便を出しに行く。運転免許がないので当然クルマに乗る仕事は妻がやる。そのうえ山の上で暮らすためのもろもろの仕事をふたりで分担してやらなければならないとしたら……毎日の生活をひっくるめた全体の、そのうちのほんの一部だけが、社会的な報酬を得るために割《さ》ける時間であることがいやおうなくわかります。

たとえ私が自分の頭と手を使って書いた原稿で十万円を得たとしても、その半分は妻の稼ぎだということを本当に理解したのは、田舎で畑仕事をやるようになってからのことかもしれません。

産業革命といいましたが、いまでも昔ながらの町工場はたくさんあります。そういう零細な自営業者や、個人の農業従事者は、産業革命以降の大量生産システムからなかば逃れているので、いまでも、一家全員で働いて稼いでいる、という意識をもつことができるでしょう。

しかし、組織に属して会社や工場に通勤するサラリーマンの夫は、平日の時間のほとんどを会社で過ごし、勤務時間以外でさえ会社の同僚と過ごしているので、意識がどんどん妻や家族のいる日常の暮らしから遠のいていき、とうとう家では自分がはく靴下のありかさえわからなくなっているというのに、大声を出せば妻が靴下をもってくるのがあたりまえだと決めつけ、まるで自分だけが働いてカネを稼いでいるような気になっている……産業革命から二百年後、日本には「オジサン」という人種が生まれました。

そして妻は妻で、「オジサン」の誕生と同時に、夫の靴下のありかは知っているが夫の仕事や職場についてはなにも知らず、政治や社会や経済についてはさらに関心がなく、他人の迷惑はもとよりときにはその存在さえも顧みず、しかしわけもなく自信に満ちている、あの「オバサン」と呼ばれる存在に変わっていったのです。

そんなオジサンやオバサンはもう古い、最近の若い人たちは違いますよ、という人がいるかもしれない。が、問題なのは、その古いままのオジサンやオバサンたちが、これから団塊となって還暦を迎えようとしていることなのです。

優秀なトレーダーの発想

おかあさんはヒマを持て余していました。すみません、たとえ話の続きです。

家の中をいくらきれいに掃除しても、夫は誉《ほ》めてくれません。もちろんお小遣いをくれたりもしない。それどころか、ほとんど家にいないので気づかないのかもしれない。

そんなとき、友だちから一本の電話がかかってきます。

「え、あなた、家で掃除なんかしてるの？　バカみたい」

家で掃除するのがなんでバカなんだろう。

「いいアルバイトがあるのよ。他人《ひと》の家でお掃除をすると五千円もらえるの」

「五千円も？」

派遣された家で掃除をすると、一日五千円の稼ぎになる。そういう仕事の斡旋をしている会社があって、紹介してくれるという。もちろん奥さんはすぐに申し込んだ。

部屋をかたづけて掃除機をかけ、あちこちの埃を払い、雑巾をかける。いつも自分の家でやるのとまったく同じことをやって、一日五千円。家ではタダなのに。

味をしめた奥さんは、それから毎日のようにアルバイトに出かけました。お小遣いがどんどん貯まります。そのかわり、家の中はどんどん汚くなっていった。タダでは掃除をする気分になれないからです。

「最近、あんまり掃除してないみたいだな」

鈍感だと思っていた夫がそういいます。きれいなときは気づかないのに、汚くなるとすぐに気づく。

「隣の奥さんから聞いたけど、おまえ、最近パートに出てるんだってな」

「……」

「他人の家ばかり掃除してないで、たまには自分の家も掃除しろよ」

だったらあなた五千円くれる?……とは、さすがの奥さんもいえませんでしたが、そこで、

「しょうがないわ。たまにはうちの掃除でもしようかしら」

と考える奥さんは、まだ、甘い!

賢明な奥さんなら、インターネットで掃除代行業者をかたっぱしから調べます。で、一日四千円でやってくれるところを見つける。やった!

自分の家の掃除は一日四千円の業者にまかせて、自分は一日五千円もらえる家に掃除に行く。そうして差額の千円を儲けるのが、現代資本主義社会を生き抜くことのできる優秀なトレーダーなのです。

かつては家の中の仕事だったものが、どんどん市場化(マーケティング)されて外に出ていってしまう。掃除も、洗濯も、炊事も。

そのかわり、おカネさえ出せばなんでも買えるし、やってもらえる世の中になった。

が、こんどはそのおカネを稼ぐのに忙しくなり、おカネができてもそれを使う時間がな

い。生活の質を少しでも上げるためにおカネを稼ごうと思ったのに、おカネを稼いだらかえって生活の質が下がってしまった。

おカネ、おカネといいはじめると、だんだん心が荒《すさ》んできます。優秀なトレーダーの奥さんは、これではいけないと思い直し、心を癒すためにボランティアをはじめることにしました。それは、他人の家をタダで掃除するボランティアでした……。

たとえ話はこのくらいにしておきましょうか。

カネから時間を取り戻す

忙しい、という言葉の意味を、私はときどき考えることがあります。

英語で「忙しい」は「BUSY（ビジー）」といいます。「BUSY」は形容詞で、その名詞形は「BUSINESS（ビジネス）」です。

忙しいことと、ビジネスはどう関係があるのでしょうか。

私はどちらかというとあまり本を読まない人間ですが、仕事が溜まっているときに限って、机の横に置いてある推理小説なんかが読みたくなる。本当は次の海外出張のとき飛行機の中で読もうと思って買っておいた、いかにも読むのに時間がかかりそうな、分厚い文庫本上下二冊。原稿を書いていて行き詰ったときにふと手にして……そのまま読みはじめたら止まらなくなってしまった。

読みはじめて一時間くらいはまだ余裕があり、切りのよいところでやめようと思っている。が、もう少し、あとちょっと、せっかくだから次の章まで……とページを繰っているうちに、どんどん時間が経っていき、気がつけばもう夜も遅い。大変だ。明日は朝早いのに。最後は時計を見ながらガンガン読み飛ばす。ああ、もっと時間がほしい！

こういうときは、本当に忙しいものです。

しかし、サラリーマンが推理小説に夢中になって徹夜して、翌朝、会社で、

「きのうは忙しくて眠るヒマもなかった」

と嘆いたらどうでしょう。小説を読んでいたための徹夜と知ったら、同僚は、忙しかった、と認めてくれるでしょうか。家に持ち帰った仕事の資料を読んで徹夜した、ならともかく、推理小説では、たとえそれで目を赤くしていたとしても誰も同情してくれません。

自分で好きなことを自分から進んでやって時間に追われることは、忙しい、とはいわないのです。会社の仕事、人に頼まれた仕事、社会的に責任のある仕事。家事や育児の場合はちょっと微妙ですが、少なくとも、好きだからという理由だけでやっているのではない、自分以外の人間に対して責任を負っている（から、ある意味ではしかたなくやっている）仕事のときにしか、忙しいという言葉は使わない。

逆に、会社の仕事だけれどもやりがいがあって、面白くてやめられない、休日でも時間外でも出勤して仕事がしたい、という場合は、傍から見れば忙しそうでも、本人にはあまり忙しいという意識がないかもしれません。好きで、自分から進んでやっていることですから。自営でモノづくりの仕事をしている職人（私もその同類です）の場合は、そういうケースも少なくないと思います。

「BUSY（ビジー）」が「BUSINESS（ビジネス）」になるのは、おカネを稼ぐために自分の時間を売るときです。自分の時間を他人のために使い、そのことで収入を得る。気の進まないときでも、気の進まない人と会い、気の進まないことをするから、おカネになるのです。

そういうビジーな仕事を、組織に属しているあいだは、ずーっとやってこなければなりませんでした。定年になって田舎暮らしをしようという人は、そういう世界からそろそろ足を洗って、残された自分の時間を自分のために使いたいと願っている人でしょう。もちろん田舎暮らしにも収入は必要ですから、なんらかの社会的な仕事にかかわる必要があるかもしれませんが、それでもできるだけ、自分のやりたいことをやる暮らしに近づきたいと思っている。

これまでに他人に売り渡してきた、膨大な時間。それによって、自分と、妻と、家族たちを支えてきた。その責任を立派に果たして、ようやく手に入れることができたのが定年というご褒美なのです。あの、おカネに姿を変えてしまった膨大な時間の、ほんの一部でもいいから、自分たちの手に取り戻したい、と願うのは、至極当然のことだと思います。

個体発生は系統発生を繰り返す。

生物学の用語ですが、私の好きな言葉です。

人間は受胎して卵子から成長しますが、子宮の中で羊水に浮かんでいるさまは魚のようです。その段階から、少しずつ、少しずつ、かたちを変えて、しだいにヒトに近づいていていく。その連続する形態の変化の中に、かつて海を泳いでいたヒトの祖先にあたる生物が長い時間をかけていまのような人間に進化してきたすべての過程が示されている、というのです。つまり、個人の中に、歴史が宿っている。

社会にも経済にもゆるやかな気分と人間味が残っていた戦後の日本で育ちながら、経済の成長とともに隙間なく固められ、先進国になることによってさらに逃れられなくなった国際資本主義の枠組みの中で、与えられた仕事に自分の人生を捧げ、妻や家族の生活をなかば犠牲にして頑張ってきた団塊の世代。その人たちが、いま、もう歯車の仕事はおしまいだから、奥さんのもとに帰ってもいいですよ、といわれている。

それは、それまで一家で仲良く暮らしながら仕事をしていた町工場のおとうさんとおかあさんが、突然やってきた産業革命の嵐に巻き込まれて離れ離れになり、離れて暮らしているうちにおたがいの顔もようわからんようになってしもて（なんでここで関西弁みたいなものが出てくるのかは別にして）、いまさら定年になったから工場をやめなさいといわれても実感がなく、長いこと空けていた家に戻っても居場所がない、もう、奥さんとの失われた時間は取り返しがつかないように感じている……という風景に、よく似ているように思えるのです。

田舎暮らしはひとつの歴史的必然である、といいました。

それは、いま田舎暮らしを考えている世代の人たちが、社会経済における系統発生的な歴史を背に負っているからです。これまでのやりかたを続けていては子孫に地球を残すことができないかもしれないと世界が大きく方向転換をしようとしているいま、このタイミングで、自由な時間とまだ余裕のある体力を授かった人たちには、みずからが営む暮らしのかたちによって新しいパラダイムを示す責務がある、といったら大袈裟でしょうか。

進歩と発展のはざまでちりぢりに分散してしまった生活のピースを拾い集めてトータルな暮らしを紡ぎ直すために、そしてオジサンとオバサンがともに失ったものを取り戻してたがいに尊敬できるパートナーとして再生するために、

「田舎暮らしをしようよ」

ではなく、

「ふたりで産業革命をやり直そうよ」

と誘ってみてはいかがでしょうか。

第六章　田舎暮らしができる人できない人

田舎暮らしは、できる人と、できない人がいます。

田舎暮らしなど端《はな》から考えていないような人の中にも実は田舎暮らしに向いている人がいますし、田舎暮らしを望んでいる人の中にも、本当はあまり田舎暮らしに向いていないのでは、と思われる人がいたりします。後者の場合は、よく見極めないと、自分の決断を後悔することにもなりかねません。

ひとり遊びができますか

私が住んでいる信州の高原地帯には、東京や大阪から引っ越してきて木工や陶芸などの工房を構えている人がたくさんいますが、そういうクリエーターたちにとって田舎は天国です。広い場所は確保できるし、多少の音を立てても煙を出しても文句をいわれません。彼らは人口の密集した都会では創作活動ができないので、田舎に拠点を求めたのです。

プロでなくても、趣味で絵を描いたり、陶芸を楽しんだり、楽器を演奏したりしたい人は、田舎に住むのがいいと思います。

スペースの確保や周辺への迷惑だけの観点からいっているのではありません。基本的に「ひとり遊び」ができる人は田舎暮らしに向いているのです。

自由な時間と場所を与えられたときに、自分でなにかやりたいことがあって、それができる人。あるいは、そのときにはとくにやりたいことがなくても、考えてなにかやることを見つけ、自分で自分の時間が潰せる人。ひとり遊びができる人、というのはそういう意味です。

同じ絵が趣味といっても、自分で絵を描くのが趣味の人もいれば、自分では描かず、他人の描いた絵を見ることだけが好きな人もいますね。

絵を描く人は田舎なら広いアトリエをつくって窓から見える風景を描くこともできます

が、美術館で絵を鑑賞するのが趣味の人は、場所にもよるけれども、おそらく田舎ではかえって不便でしょう。

音楽も、楽器の練習をしたいならぜひ田舎に住んでください。歯が浮くようなバイオリンの音はクマやイノシシを撃退するのに好都合ですし、調子の外れたピアノの音はキツネを不妊にするかもしれません。いや、それは冗談ですが、森の中にある家から楽器の音色が流れてくるのは、たとえ音程が狂っていてもそれなりに風情のあるものです。

音楽は聴くだけ、という人でも、オーディオが趣味の人は田舎で暮らせます。凝ったリスニングルームをつくるもよし、音量を上げて窓を開け、ベランダで寝そべって大空を眺めながら聴くのも一興です。私はいまの土地に家を新築した頃、毎日汗みずくになって荒畑の開墾作業を終えると、シャワーを浴びて新しいシャツに着替え、よく冷えた白ワインを開けて畑の見えるテラスで飲んだものですが、そのときは外にポータブルのＣＤプレーヤーを持ち出して大音量で聴くのが慣わしでした。いろいろなものを聴きましたが、定番になったのはパバロッティの「マンマ」でした。書斎で聴くのはなんとなく気恥ずかしいような曲ですが、遠くの山や畑を見ながら聴くとこれが実にぴったりなのです。

しかし、演奏会でクラシックを聴くのが趣味、となると、これは田舎では辛い。オペラやバレーや演劇もそうですが、それが演じられている場所へ足を運ばなければならないものに関しては、田舎暮らしは間違いなく不利です。映画も、自宅でＤＶＤを鑑賞するのならともかく、映画館で見るのが好きな人は都会に住んだほうがいいでしょう。

自分でなにかをやる、パフォーマー（演奏者、実行者）。

他人《ひと》がなにかをやるのを見たり聞いたりする、スペクテーター（観客、傍観者）ないしはオーディター（聞き手、傍聴者）。

人間を二種類に分けるとすれば、田舎暮らしに向いているのはパフォーマーです。

モーツァルトとカエルの合唱

田舎でも、コンサートに行くことはできます。どこの市や町にもたいてい立派な文化会館とか市民ホールとかいう建物があって、定期的に演奏会が開かれています。

私も東御市の市民会館に何度か行ったことがあります。森進一ショーにも行きました。

石川さゆりショーにも行きました。東京にいたらほぼ確実に見ることのないステージだと思いますが、行ってみたらなかなか面白かった。

地方の文化会館でやっているのは演歌ばかりではありません。室内楽の演奏会もありますし、オーケストラもやってくる。

東京に住んでいたらそういう機会ははるかにたくさんありますが、東京には東京で問題がないわけではないのです。平日の夕方からのコンサートなら、仕事を終えていったん家に帰り、それなりの服に着替えて気分を変えてから出かけたいところですが、都心から離れたところに住んでいたらそうもいきません。会社の拘束時間は長く、開演時間は早いので、時計を気にしながら急いで仕事を終えてそのまま会場に直行し、おなかが空くので煎餅を途中で買い、開演の直前に滑り込んで席に座り、音を立てないように煎餅を口の中で唾液に浸しながら嚙みしめる。あんまりお洒落ではありませんね。

その点、田舎はなかなか優雅です。演歌のショーだって、みんないったん家に帰って着替えてから来る。夫婦でやってくる人も多く、いい雰囲気ですよ。専用の音楽ホールではないので最高の音質は望めないかもしれませんが、あまり大きくもないので、親密な雰囲気で演奏を楽しむにはちょうどよいくらいです。

その日は、室内楽アンサンブルによるモーツァルトの演奏会でした。演奏会が終わると、外はもう真っ暗な夜の世界です。

「なかなかよかったね」

「田舎でもいい演奏会があるのね」

満足して、駐車場まで歩きます。ここで東京なら、

「ちょっと、シャンパンでも飲んでいこうか」

となるところですが、田舎には、芝居や演奏会のあとに飲んだり食べたりするのに適当なバーやホテルはありません。本当は軽くワインかシャンパンを飲みながら余韻に浸りたいところですが、しかたなく、クルマに乗って家に帰ります。そうだろうと思って、出かける前に冷蔵庫にシャンパンを一本入れておきました。

クルマに乗って十五分、家の前で降りると……大きな音が聞こえてきます。凄い、カエルの合唱だ。ここで、田舎暮らしができる人とできない人が分かれます。

「へえ、もうそんな季節になったんだ」

田植えを前にして田んぼに水が入ると、いっせいにカエルが鳴きはじめます。それまでいったいどこに隠れていたのかと思うくらいたくさんのカエルが、恋の相手を求めて歌うのです。その歌声を聞いて、

「モーツァルトもよかったけど、カエルの合唱もなかなかいいものだね」

と微笑《ほほえ》む人は、田舎暮らしができる人。

「モーツァルトのあとが、カエルの合唱かよ。まいったな」

と苦笑する人は、田舎暮らしができない人。

おおらかな気持ちで文化と自然の両方を楽しむことができる人は、田舎暮らしをしたらきっと楽しいと思います。

人が恋しい人

いつも人の中に紛れていないと心が落ち着かない人も、田舎暮らしには向きません。

酒の飲みかたにも、田舎暮らし向きとそうでないタイプがあります。

私は、東京にいたときから家で飲むタイプでした。仕事を終えてから、家でゆっくり飲む。もちろん誘いがあれば人の集まる酒場にも行きますし、バーのカウンターで飲む雰囲気も嫌いではないのですが、都心に住んでいたにもかかわらず、わざわざ外へ飲みに行くことはあまりなかったように記憶しています。だから、田舎に住んでいても困ることはありません。

酒好きにも、酒そのものが好きな人と、酒を飲む人が集まる場所が好き、という人がいます。酒より酒場が好きな人は、毎日のように酒場に行く。酒場で飲むときはたくさん飲むのに、家では一滴も飲まない、という人もいるくらいです。そういう人の行く酒場は、いつも人で混んでいなければならない。

人と人とのあいだに割り込んで、話をしながら酒を飲む。他愛のない噂話。とりとめのない世間話。どうでもいい無駄話。なんでもいいから喧騒の中にいたい。そういう酒飲みは多いものです。

「おまえのところもいいんだけどさあ」

と、ある友人が来ていいました。

「夜、外が真っ暗なのが、淋しいね」

星や夜景では満足しないタイプなのです。

「ウソでもいいから、庭に赤や青のネオンサインがつくようにしておいてくれるとうれしいんだけどな」

こういう奴は、都会の雑踏に居残ったほうが身のためです。

憧れもせず恐れもせず

さて、「あらまほしき田舎」のイメージが固まったら、こんどは具体的な土地や家を探さなければなりません。これが田舎暮らし希望者の楽しみでもあり、また難関でもあります。

長野県では、二〇〇六年から「田舎暮らし案内人」という担当者を置いています。県庁なり役場なりに相談に行った希望者が「農業をやりたい」というと農政課にまわされ、「景色のよいところに住みたい」というと観光課にまわされるなど、窓口が一本化されていない不都合があったため、いわゆるワンストップチャンネルで、とりあえずどんな目的でも信州に住みたいと思う人は相談に乗ってもらえる、というセクションを設けたのだそうです。最近は多くの自治体に移住希望者のガイダンスをおこなう部署や相談室が設けられて田舎暮らし希望者相手の窓口となっており、大都市にも案内所を設けるなど、今後受け入れ態勢はさらに充実していくのではないかと思いますが、最終的な決断はあくまでも希望者本人がおこなう、ということは、当然ですが留意しておいてほしいと思います。

長野県の田舎暮らし案内人の話では、

「信州で暮らしたいんですが、どこかいいところはありませんか」

と聞く人が多いそうです。そういう場合は、

「まず、ご自分であちこち旅行されて、好きな場所をお探しになってはいかがですか」

と対応するそうですが、たしかに特定の場所を推薦するのは難しいでしょう。あんたがいいというから引っ越したが、思っていたのと違った、とクレームをつけられても困りますから。いずれにせよ、十分な時間をかけて、自分である程度の目星をつけてから具体的な助言を求めるほうが能率的に違いありません。

私の場合は、軽井沢での予行演習期間もあり、次の土地探しのときにはかなり明確な理想のイメージをもって臨むことができましたが、それでも最終的にいまの場所にめぐりあい、交渉が成立するまで、ほぼ二年という歳月がかかりました。

土地や家との出会いには、タイミングとか相性とか、どこか運命的なものがあるように思います。いまの場所に決まる前に、別の町で売買交渉に入っていた土地は、敷地の中に小川が流れる広大な山林で、私は気に入っていたのですが、見に行くたびに雨が降りました。反対にいまの土地は、来るたびに晴れており、霧がかかっていても現場に到着すると見る間に晴れました。私はあまりそういうことを信じるほうではないのですが、カミさまがここにしろといっているのかな、と思ったものです。

いまの場所に決まるまで、ここにしよう、と思って交渉に入った土地は複数あり、どれも基本的には私が描いていたイメージに合致しますが、実際には風景も環境も雰囲気もそれぞれ少しずつ異なります。

いくら明確なイメージをもっていても、それを現実の土地にあてはめるときは修正を余儀なくされるものです。そういう場合は、できるだけ現実に合わせて柔軟に考えるのが成功のコツです。理想のイメージをもつことは大切ですが、それに捉われてはいけません。田舎での暮らしかたについても、抱いていたイメージがそのまま実現できるとは限りません。むしろ、そうでない場合のほうが多いでしょう。あらかじめそう覚悟したうえで、思いがけない現実との出会いを楽しむくらいの気持ちで構えてください。現実の枠の中で自分の理想をどう実現していくか、その作戦を練るのが、田舎暮らしの醍醐味のひとつでもあるのですから。

だいたい、田舎に憧れる気持ちの強い人は、あとで苦労することが多いようです。すべての憧れを満たす絵に描いたような「ステレオタイプの田舎」はありませんし、憧れが強いほど現実との乖離《かいり》に悩むことになります。

平常心を失わず、憧れもせず、恐れもせず、自立した生活者として新しい土地への適応を考える。難しいことかもしれませんが、対象に対する過剰な愛は往々にして破綻の原因となるものです。

恐れるといえば、

「蛾が苦手だから田舎はダメ」

という人がいますね。とくに女性に多い。

しかし、蛾や虫にはすぐに慣れます。最初のうちは遠くを飛んでいるだけでキャッキャいって逃げまわっていた女性が、一年も経つと平気で指でつまんで捨てていたりしますからね。女性のほうが強いかもしれない。

私も、蛾は好きではないです。毛虫も嫌い。カメムシもカマドウマも苦手です。

わが家の周辺には、白蛾太夫（シラガダユウ）という巨大な蛾が棲息しています。あれはとくに嫌ですね。なにしろデカイ。翅《はね》を広げると十数センチはあります。胴体は人の指くらいの太さ。それが壁や窓ガラスに何匹も止まるのです。夏の夜、窓を開けておくと網戸に体当たりしてきて（網戸は必需品です）ぶるんぶるんと翅を震わす。

この幼虫がまた巨大なのです。庭のクルミの木の下に黒い点々が無数にあるので、なにかと思ったら白蛾太夫の糞でした。見上げると、クルミの木の葉の裏にびっしりと幼虫がくっついている。一枚の葉に一匹の幼虫です。あのときはゾーっとした。

それでも幼虫のうちに退治しておけば大きい蛾を見なくて済むので、火ばさみではさんで一匹一匹取りましたが、取ろうとすると幼虫は葉にしがみつき、つまんで引っ張っても離れないのです。無理に引っ張ると木が揺れて、ほかの幼虫が頭の上から落ちてくる。

この作業は私は苦手でしたが、妻の妹は、はじめは嫌がっていたのにやっているうちに面白くなったようで、毎年るんるんと幼虫取りの季節を待っています。

この白蛾太夫という蛾は、蚕《かいこ》のような繭《まゆ》をつくる蛾です。だから幼虫の体内には、糸になる材料が入っている。

「昔、男の子たちはみんなあれで遊んだものよ」

と地元の人から聞きました。

幼虫をべちゃっと潰すと（イヤだなあ）、中に糸のようなものがあるので、潰したらすぐにふたりでその両端を持って反対方向に走るのだそうです。と、どんどん糸が伸びる。糸は乾くと伸びなくなるので、できるだけ早く走る。そうやってどのくらい長い糸ができるか競争するのです。

話を聞いて、いっぺん誰かがやるところを見てみたいと思うのですが、最近の子供はもうそんな遊びを知らないらしい。いえ、私は決して自分でやろうとは思いません。いくら田舎暮らしだからといって、そこまでやる必要はないですから。

第七章　田舎暮らしの心配ごと

田舎暮らしで心配なことはなにか、と聞くと、ほとんどといっていい人が、人づきあいを第一に挙げます。地元の人とのつきあいかた、田舎ならではの濃密な人間関係、そういうものに対する漠然とした不安、あるいは恐れ、ですね。

都会のクールな人間関係や淡白な近所づきあいに慣れている人にとって、田舎の隣組の寄り合いのようすだとか、あるいは葬式のときの風習だとかは、聞けば聞くほど、まるで古い映画を見ているような気がするかもしれません。

フランス人ならそういうとき、

「これは映画だ！（セ・ル・シネマ！）」

といいます。それは現実ではない、あり得ない、そんなバカな……という意味ですが、たしかに都会から田舎に引っ越してきた人はシネマ的な体験をたくさん味わえます。

トマト事件

もちろん、田舎暮らしを望む人の中には、都会の冷たい人間関係は嫌だ、もっと親密でぬくもりのある人づきあいがしたい、と思い、そういう理由で田舎に引っ越そうとする人もいないわけではありません。

同じ都会暮らしといっても地域的な差があって、たとえば東京でもいわゆる下町に住む人は、寅さんの世界ではないが、昔ながらの緊密な近所づきあいに慣れているかもしれません。また、商店街に住んで商売をやっている人は、伝統的に、また商売の必要上、地元づきあいの機会が多いものです。

田舎の人間関係をもっとも恐れているのは、隣近所とのつきあいがあまりないような山の手の住宅街や、便利な都市部のマンションに住む、おもにサラリーマンなど勤め先が地元から離れている人たち。それから、そもそも鬱陶しい人間関係が嫌だから自立性のある仕事を選んだ自由業者、などでしょう。

サラリーマン家庭でも、奥さんは、とくに専業主婦ならそれなりの地元づきあいがありますが、ご主人のほうの人間関係は会社がらみがほとんどなので、都会に住んでいるときから地元意識が希薄で、近所にどんな人が住んでいるかも知らなかったりする。そういう人が、もし田舎に引っ越したら……と考えると、まるで安部公房の『友達』のように、どこからか見知らぬ人たちがみんな自分は君の友だちだといってどんどん家の中に上がりこんでくるような情景を想像して（あれはコワイ小説です）ほとんど被害妄想的に怖気《おじけ》づいてしまうのです。

田舎には、古いけれども優しくて温かい人間関係が生きています。

と聞くと、その「優しくて温かい」が怖くなる。

しかし、田舎の人たちは、都会から来る人たちが自分たちの「優しさと温かさ」を恐れていることが、わからない。

このギャップが、いちばんの問題なのです。

新聞やテレビでも田舎暮らしの体験談が紹介されますが、その多くのストーリーは、最初のうちは古めかしいしきたりや遠慮のないつきあいに驚いた新参者が、戸惑いながらも自分から地域社会に溶け込もうとし、失敗しながら経験を重ねていくうちに、いつしか村びとに温かく迎え入れられる、という筋書きになっています。

ある日、ふと気がつくと玄関にトマトが山のように置かれている。あれ、これは……そうか、お隣の農家の人が持ってきてくれたんだわ。あの、いちばん気難しかったおじいさんが……とうとう、私たちも村の仲間として認められたのね。

冷たい都会にしか住んだことのなかった主人公が、田舎の温かい人情に触れて思わず涙ぐむ、というドラマはなるほど感動的ですが、実際には、こういう場合、トマトは玄関のドアの外側に、ではなく、玄関のドアを開けた内側に、置いてあるのです。

誰だ、こんなところにトマトを置いたのは。

あれ、ドアは閉めておいたはずなのに。

都会にしか住んだことのない人ならびっくりします。きっと近所の農家の人がくれたのだろうと推測はするものの、なんとなく食べるのが怖いような気がしないでもない。東京のマンションで知らないうちに家の中にトマトが置かれていたら、警察に通報する人だっているのですから。

玄関か縁側のあたりで声をかけ、返事がなければ中まで入って、畳の上にものを置いていく。あるいは、庭先で名前を呼んで、誰も出てこなければ、土間から上がり込んで家の中を探す。

昼間は野良に出ていて誰もが家を空けがちな、でも鍵などかけなくても安全な、その地域に誰が住んでいてどんなことをやっているかはたがいに熟知していて、外部から不審な人間が入り込んでくることも考えずに済んだ平和な日本の田舎では、そうしたふるまいはとくに珍しいものではありませんでした。

でした、とあえて過去形を使ったのは、そんな田舎にも最近はときどき物騒な事件が起こるようになったからですが、要するにこうした都会の人と田舎の人との感覚の違いは、はじめから異分子が存在しないと想定されている同質的なムラ社会と、そもそもが異分子の寄り集まりでたがいに警戒心を解くことができない都市社会と、それぞれを取り巻く状況があまりにもかけ離れていることから生まれる違いなのです。

ですから、もし、これからの日本では田舎に住む人たちも従来ほど無警戒ではいられないようになり、また都会から新しい風を吹き込む移住者が少しずつ増えてきたりもするならば、しだいに両者の感覚も歩み寄って、優しさと温かさが過剰でもなく押しつけでもなく、そして適度な距離感が冷たさではなく思いやりと感じられるような、新しい人間関係が育まれていく可能性を考えてもよいのではないでしょうか。実際にインターネットの効果などにより地域の人びとの意識が開放され、高齢化の進行によって変質する村落社会が活性化を志向するなど、大きな変化の胎動が感じられることはすでに述べたとおりです。

どこにでもあるムラ社会

私が三十年ぶりの新規参入者としていまの村落に入ったとき、隣組の班長さんがなにか紙のようなものを手に持って遠くから歩いてくるのが見えた。班長さんは、歩きながらその紙を広げて読んでいる。なにかと思ったら、それは私の健康保険証でした。

いまでは役所でカードを発行してくれますが、個人情報保護法もなかったその当時は、班長さんが役場の代理として届けてくれたのです。まあ、いい時代だった……ということなんですけど、びっくり仰天しましたね、あのときは。

もちろん、トウモロコシもレタスも玄関の内側に置いてありましたし、玄関のチャイムが鳴ったので二階から降りていったら誰もいない。どうしたのかと思ってそのまま台所までお茶を飲みに行ったらそこに人がいた、ということもありましたね。なかなかシネマな体験でした。

しかし、だからといって、私のような都会からの参入者が、すべて地元の人と同じ行動様式をとらなくてはいけない、というわけではありません。人の家に勝手に上がりこむ習慣がない人が田舎だからといってそうするのはかえって不自然ですし、お裾分けを持っていって留守だったら、玄関の外に置いてメモを添えておけばよい。それが自分たちのやりかたなら。もちろん、ある程度の年月が経過してごく自然にそういう行動がとれるようになればそうすればよいし、はじめから他人《ひと》の家に黙って上がりこむのが得意な人ははじめからそうすればよいのです。

田舎だから、といって、過剰な思い入れを抱くこともないし、いわれのない恐れを抱くこともない、ということを、もう一度肝に銘じておきたいものです。

案外、都会の人が考えているより、田舎の人間関係には自由なところがあります。

たとえば隣組の全員が出席しなければならない総会には、当然新参者は義務として出席します。欠席した場合は「出不足金」を徴収されますが、その金額が惜しいというより、地域の仲間入りをするためにはみんなが集まる場所にはとにかく顔を出さなければならない、という義務感から参加します。

が、何回か出席してようすを見ていると、全員出席が建前のはずなのに、なかには一回も出てこない人がいる。へえ、出なくてもいいんだ……。

まわりの人にそれとなく聞いてみると、

「あの人は変わり者だから」

という。田舎にもあまり近所づきあいをしない人がいて、それはそれで済んでしまうらしいことがわかります。

六月第一日曜日の川さらいなど、隣組の共同作業にもかならず参加するようにしていますが、出てこない人もけっこう多い。女性たちの仕事である集会所の掃除とか、村の入口の花壇の世話とかでも、出てこない人は出てこない。

村の全員が力を合わせて米作に励んでいた時代からの慣わしで、自分を犠牲にしてでも村のために協力する……のかと思っていたら、村の中の道路を拡幅する計画が持ち上がったとき、俺の田んぼを削って道路を広げるとあいつが便利になるから嫌だ、と、拡幅による受益者が個人的に嫌いだから協力しない、という人がいたことも（これはうちの村の話ではありませんが）聞きました。

古い村では、その構成員の全員が幼馴染《おさなな じ》みです。小学校や中学校の同窓会のメンバーがかたまって住んでいることを想像してください。たがいにファーストネームで呼び合い、共通の記憶を保持しています。父の代、祖父の代からの、家族ぐるみのつきあいです。そこへポンと外部から新参者がやってきても、仲間に入れないのは当然でしょう。十年経っても、二十年経っても同じです。村に引っ越してきてから子供をつくり、その子供が村の子供といっしょに育つようになればいくらか話は変わってくるでしょうが、いくら共同体の一員として認められるための通過儀礼を経たとしても、過去の記憶まで同一化させることはできません。

だから、私たちは村のサークルのいちばん外側に静かに位置していればそれでよいのですが、彼らは彼らで、何代も前からの深い関係に結ばれているからこそ、水や土地をめぐる争いだの、家と家との確執だの、私たちにはうかがい知れない抗争や反目の過去を持っているのでしょう。だから決して、村全体が一枚岩、というわけでもないのです。それぞれが自分の意見を持ち、利害を抱え、全体では集団に同調しながらも自分のスタイルを貫いている。

それは、考えてみればあたりまえのことです。どの社会でも、まったく同じことをやっているのですから。

都会に住んでいる人だって、足もとを見ればムラがあります。田舎の隣組と同様、町内会があって班長さんが回覧板をまわさなければならない地域は都会の中にもたくさん残っていますし、新しいマンションに入ってここなら平気だろうと思ったら管理組合に参加しなければならなかった、とか。

会社でも同じでしょう。ムラ社会の閉鎖性は、与えられた人間関係から逃れられないことに起因します。それなら会社の部署も同じ。選べない部長と選べない課長の下で、選べない同僚や選べない部下と、毎日顔を突き合わせて仕事をしているのです。

そういうときの身の処し方は、もう、それぞれに経験と方針があるはずですね。

全体としての和を乱さないように協調し、しかし際限のない妥協に陥らないよう自分の矜持《きょうじ》をひそかにしっかりと守り、譲れないところは譲らずに、しかし不必要にことを荒だてることなく、つねに議論の円満な収束を心がけ、卑下もせず、傲慢《ごうまん》にもならず、自分にウソをつかないこと。

方針を決めてもときとして意思や感情のコントロールがきかず、怒ったり嘆いたり暴れたり鬱《うつ》になったりすることがあっても、日常の中でストレスを小出しに発散させながらなんとか人生を送ってきたのではないですか。日本人なら、みんなそういう経験を持っているはずです。

郷に入れば郷に従え？

田舎の隣組も、都会のマンション管理組合も、会社も役所も学校も、政治家や国会議員も、日本のレベルは同じです。そう思えば、田舎だけを恐れる必要はない。

そして、たとえ強制的な人間関係を与えられても、その中でうまく自分の生きる道を見つけ、自分が選んだわけではない周囲の人間ともしだいに馴染んで、そこに友情や仲間意識を育むことができるのも人間の素晴らしい能力のひとつなのです。

しかし、このような与えられた情況に馴化《じゅんか》し適応する状態のことを、

「郷に入れば郷に従え」

と表現する人がいますが、私はあまりこの言葉が好きではありません。この言葉を聞くたびに私は、自分を捨てて組織と同化せよ、個人を捨てて国家を愛せ、といわれているようで、なんとなく嫌な感じがするのです。この言葉は、

"WHEN YOU ARE IN ROME, DO AS THE ROMANS DO."

という英語の成句を訳したものだと聞かされた記憶があります。直訳すれば、

「ローマではローマ人がするようにしなさい」

となりますが、これを、

「郷に入れば郷に従え」

と訳した人はいったい誰なのでしょうか。

あるいは翻訳ではなく、洋の東西にたまたま似た意味の成句が存在していた、ということなのかもしれませんが、私には両者の意味はまったく違うように思えてなりません。

ここでいうローマとは古代ローマのことでしょう。古代のローマといえば、泣く子も黙る大都市です。世界中から人とモノが集まる、比肩するもののない壮麗な都市。それに対して、郷は田舎のことですよね。里、村、故郷。ですから、

「ローマではローマ人がするようにしなさい」

というのは、

「世界中からさまざまな人が集まるローマでは、故国や田舎の風習は忘れて、都会人として自由に振る舞いなさい」

という意味ではないでしょうか。そう考えるほうが妥当だと思います。だとしたら、

「田舎に来たら田舎の人のやるようにしてもらわないと（困る）」

という意味とは、正反対になってしまいますね。翻訳したわけではないにしても、私は「郷に入れば……」という言葉が、日本のムラ社会が要請する規範をことさらに強調するために使われているようで、あまり好きではないのです。

病気になったらどうするか

田舎暮らしの心配ごとは、人間関係だけではありません。

病気になったらどうするか。この問題にも、多くの人が不安を抱いています。

人里離れた田舎の家で、突然倒れたらどうしよう。気づいてくれる人はいるだろうか。

田舎に病院はあるだろうか。あっても設備や医師のレベルが低いのでは。

心配する気持ちはわかりますが、これも都会に住む人の、思い上がりとはいわないまでも、取り越し苦労だと思います。

ひとりでいるときに、心臓発作か脳卒中で突然倒れたら……東京都心の高級マンションに住んでいたって、誰も気づいてくれないでしょう。お年寄りの孤独死は、田舎より東京のほうが多いのです。

そのとき妻が横にいて、誰かに知らせようと思ったら……田舎だって電話をすれば救急車が飛んできます。もちろんこれはどんな田舎を選ぶかにより、病院がなくて急患はヘリで本土まで運ばなければならない離島などもまだありますが、一般的にいえば田舎も都会もそう条件は変わりません。それより都会は道路が渋滞しているから救急車の到着に時間がかかるかもしれないし、運よく救急車が間に合っても、受け入れてくれる病院がなくてたらいまわしにされるかもしれません。もう、そのあたりは、田舎だ都会だというより、個人的な運ですね。

田舎でも、最近はいい病院がたくさんできています。とくに福祉やリハビリの関係は、むしろ田舎のほうが優れた施設が多いくらいです。老後のケアのシステムも整えられてきており、環境のよい施設があるから老後はそこで過ごそうと、わざわざそのために田舎に引っ越してくる人さえいるのです。心配な人は、その土地にどんな施設やサービスがあるか、よく調べておくとよいでしょう。

重い病気にかかったら、信頼のできる一流の医師に診てもらいたいものです。最新の治療法があれば、ぜひ受けてみたい。が、よく雑誌などに載っている名医のいる病院のリストを見ると、そういう病院は全国に散らばっている。心臓外科ならA病院、肝臓ガンならB先生。かかりたければ、九州でも東北でも北海道でも、その病院がある町へ行かなければならない。あなたがたとえどこに住んでいたとしても。

一流といわれる病院の数は東京や大阪が多いかもしれないが、一流病院は順番待ちの長いリストがあって、望んだからといってすぐに入院できるわけではありません。危ない病院やかかりたくない医師はどこにでも存在しますが、医師や病院の総数が多い分だけ、都会のほうが田舎よりそれらに遭遇する危険は多いかもしれません。

そう考えてみると、病気になったときは都会に住んでいるほうがいいのか、田舎暮らしのほうがいいのか、という設問には、あまり意味があるとは思えないのです。

死ぬまで働く

病気より先に心配すべきことは、先立つもの、つまりおカネのことです。田舎暮らしにも、おカネが要る。どんな暮らしにも生活の資金が要ることは当然ですが、ゆったりとした暮らしを実現するのが目的の田舎暮らしなら、かつかつではなく、少しは余裕ある収入がほしいところです。

定年で会社を辞めて田舎に移住する場合でも、新しい人生には新しい仕事が必要です。

私は、自分が定年のないその日暮らしの職業のせいか、人間は死ぬまで働くべきだ、と考えています。

このときの「働く」という意味は、かならずしも収入を得るための仕事だけを指すのではなく、おカネにはならないが熱中して時間とエネルギーを注ぐことのできる趣味や、ほかのことでは得られない生き甲斐を感じることのできるボランティアなども含みますが、要するに、好きで、やりたいと思うモチベーションがあり、それをやることで誰かの役に立てる、あるいは誰かがよろこんでくれる、つまり自分の存在が他人にとって必要なのだということを認識できるなんらかの行為を、人間は死ぬまで続けるべきだと思うのです。

その行為によって、社会的な評価とともに適正な代価を得られるのなら、なおよいと思います。仲間うちの批評だけでなく金銭の対象としての厳しい評価にさらされれば、それだけスキルもモチベーションも上がりますから。

長野県は男性では日本一の長寿県ですが、近くの畑で暗くなるまで働いているお年寄りの姿を見るたびに、労働こそ長寿の秘訣、と思うのです。

長野県は同時に零細な農家が日本一多い県でもあり、一家の中心は会社勤めの夫であっても、年老いたその親たちはいつも野良仕事をしています。週末には一家の主人がトラクターなどの重機を操るが、ふだんはこまごまとした仕事を年寄りがこなす。草を刈る、ワラを運ぶ、豆の殻を剝く。簡単な仕事でも、年寄りがやってくれなければ主人がやらなければならない。誰がやっても、かかる時間は同じ。留守のあいだにそれを年寄りがやってくれたと知れば、主人は心から、

「ありがとう、助かったよ」

というでしょう。その感謝の一言が、老人に生きるよろこびを与えるのではないでしょうか。自分の働きが、自分の存在が、家族の役に立っているのだと。

単に手と頭とからだを使うから健康によいというだけではありません。働くことは生きることそのものであり、労働は人間の義務ではなく、権利なのです。

長いあいだ、働くことを義務と感じてきた人は、田舎暮らしをきっかけに、それを素敵な権利だと思い直してください。そして（できたらそれで）お小遣いを稼ぎましょう。

といって田舎に仕事があるかといえば、ない、といったほうがいいでしょうね。少なくとも既存の仕事には、あまり期待しないほうがいい。

それよりも、これまで義務として組織の中でやってきた仕事の経験から得たネットワークやスキルを利用して、自分で、あるいは仲間といっしょに、なにかはじめることはできないか。定年直後の虚脱感を埋めるためにも、そんなチャレンジは有効かもしれません。

もちろん、死ぬまで暮らすのに不自由しないだけの年金や退職金がある人は、しばらくなにもせず休むのもよし、同じようなことをボランティアでやるのもよし。ただ、死ぬまで暮らす、といっても、いつ死ぬかわからないのが困りますね。

おカネを使わずに残したまま死ぬのもつまらないし、かといって贅沢三昧しているうちにおカネがなくなって、貧困のうちに最晩年を過ごすのも嫌だ。うまく手持ちの資金を活用して、投資信託でもネットトレーディングでもいいから、必要な金額を必要な期間だけ確保する方法はないだろうか。

私は株にも相場にもまったく無縁な人間で、なんのアドバイスもできないのは残念ですが、かといって退職金があるわけでもなく、仕事の注文が途絶えれば三ヵ月後には無一文になる自由業者です。が、夜、寝る前にワインを飲むときによく考えますね、最後の一滴までおいしいワインを飲むにはどうしたらよいか。

知り合いにこういう人がいます。

その人は本格的なワインのコレクターで、別荘の地下にセラーをつくり、まだ若い、価格の安いうちに買っておいたフランスやイタリアのワインをたくさん寝かせていました。年をとって忙しい仕事からリタイアしたら、別荘にこもって、その頃ちょうどおいしくなっているはずのワインを毎日楽しみたい、と思ったのです。

で、リタイアが近づいたある日、その人は突然亡くなってしまいました。

残された奥さんは困りました。ワインどころか、お酒が一滴も飲めないのです。この残された膨大なワインを、どうしようか。

そこにあるのがどんなワインかもわからないので、行きつけのレストランのソムリエを呼んで鑑定させたところ、

「素晴らしいワインばかりで、どれもちょうど飲み頃になっております」

とのこと。それを聞いた奥さんは、ご主人の形見とはいえ取っておいてどうなるものでもなし、それなら主人を偲《しの》びながらみんなで飲んだほうが供養にもなると、会社のスタッフを集めて毎晩のようにワイン会を開いて飲みはじめた。

「おいしいですね」

「おいしいわ」

社員の相手をしているうちに、下戸《げこ》だった奥さんも、だんだん飲めるようになってきたのです。そうやってセラーに残されたワインをあらかた飲み終わる頃には、奥さんはすっかりワイン通となり、いまではご主人の残した財産でワイン三昧……。

この話を聞いて、妻に美酒を残すのもうるわしい夫の甲斐性かもしれないが、やっぱりもったいない、と思いましたね。

いま私は、肝臓は悪いが毎日のようにワインを飲んでいます。毎日飲むのは一本二千円までのワイン。週末や、友人が来たとき、記念日などには数千円のを飲む。特別な機会のために、もっと高いのも何本か買ってあります。

ある晩、いつものワインを飲んでいるとき、ふと、このまま死んでしまったらどうしよう、と突然思った。安いワインを口にしたまま、地下室にしまってある高級ワインのことを思いながら死んでいくとしたら……。

そう思って、いてもたってもいられず、私は飲みさしのワインを捨て、地下室に走って高いワインを持ってきて開けました。

うまい。やっぱり、ね。いいワインはうまい。死に水はこれだね。

と思って飲みながら、また心配になりました。高いワインを先に飲んでしまって、もう一本も残っていないのにまだ生きていたとしたら……。

死ぬまで過不足なく収入を維持し、最後まで無駄なくおカネを使うのは、人間にとっていちばん難しいことなのかもしれません。

第八章　農業をやりたい人へ

農業をやるのが目的で田舎に住みたい、という人もたくさんいます。そうでなくても、田舎に住むなら自家菜園をもって、自分たちの食べる野菜くらいはつくってみたい、と思う人も多いでしょう。またそういう人の中には、経験もないのに素人に農業ができるだろうか、と心配している人もいる。農業は、田舎暮らしの大きなテーマです。

田舎へ行くと、太陽と土が肌に皺《しわ》を鋭く刻み込んだ、いかにもプロフェッショナルな農家がいます。農家、というと家や職業を指すのがふつうですが、私は、芸術家、作家、音楽家、というのと同じ意味で、敬意を込めて農業に従事するプロを農家と呼びたいと思うのです。そういう本物の農家には、新規参入の私たちは逆立ちしたってかないません。

私が農業をはじめたのは四十六歳のときですが、最初の年はがむしゃらにやって腰を痛めたので、近所のお年寄りを手伝いに頼むことにしました。もう八十歳になろうというおじいさんでしたが、ふだん歩く姿は頼りなく見えるのに、鍬《くわ》を持つと背筋が伸びてしゃんとするのです。いっしょに並んで畝立《うねた》てをはじめたら、最初の三十分くらいは私のほうが勢いがよく進みかたも速かったのに、一時間を過ぎる頃から逆転され、二時間後にはこっちが音《ね》を上げて立ち止まっているのに、おじいさんは黙々と同じペースで作業を続けていました。持続は力なり。小さい頃から田畑で鍛えた体力は違います。

三千五百坪からスタートした私の農園はいまやブドウ畑だけで九千坪の広さになり、社員スタッフのほかにアルバイトを頼んで農作業をしていますが、毎日雑草取りに来てくれるシルバーさん（地域のシルバー人材センターから派遣される）の仕事ぶりも見事です。

専業農家でなくても、田舎の女性は誰でも農業を手伝った経験がありますから、おそらく小さい頃からやっていたのでしょう、地面にしゃがみこんで小さな手鎌で雑草を刈り取るのですが、その手際のよいこと、速いこと。手鎌を持った手を見ると、節くれだった黒い指はそれじたいが鎌と一体化して曲がっており、ほとんど自動機械のような正確さで同じ動きを繰り返します。

シルバーさんはかならず二人一組でやってきて、並んで話をしながら作業します。畑仕事というのはどうしても単調な作業が多いので、ひとりでやっていると退屈して能率が上がりません。田舎ではよく夫婦が大声で怒鳴り合いながらふたりで農作業をしています。はじめてそれを見たときは、田舎の夫婦はどうしてみんな仲が悪いのだろうと思ったものですがそうではありませんでした。いがみ合っているのではなく、協力して作業をしているのですが、たがいが遠く離れているので指示や応答が大声でないと聞こえない、そのせいでまるで喧嘩をしているように見えたのです。私たち夫婦も、ふたりで畑に出るとすぐに怒鳴り合うようになりました。

シルバーさんの話でしたね。そう、農作業は一時的なスピードよりも、いつまでも同じペースで続けられる持続性のほうが重要で、彼女たちもつねに一定のリズムで作業を進めるのですが、ときどき、目に見えて力が入り、作業のスピードがアップすることがあります。それは、仕事をしながら絶えずしゃべったり笑ったりしているふたりの話題が、嫁の悪口になったときでした。

「うちの嫁がっ」

「だから言ってやったのサッ」

と促音の入るところが力のピークです。根の張った雑草でも簡単に抜ける。そんなふうにしゃべって笑って働いて、お小遣いを稼いで家に帰る。昼のあいだ自由にできたお嫁さんのほうもしあわせです。

田舎の人たちの農作業を見ていると、年季が無理のない自然なフォームを生み出していることがわかります。私たち素人は、無駄なところに力が入るから長続きしない。が、それでも農業はできるのです。

農業は奥が深いが、入口は広い。そもそも農業という仕事は、それによって収入を得る職業であるより先に、毎日の暮らしを支える生活技術のひとつでした。ですから、ふつうの生活者なら誰にでもできるのがあたりまえなのです。

トマト事件2

私たちが最初に植えたのは、ワイン用のブドウと、加工用のトマトと、あとはネギやイモなど自家用の野菜と、何種類かのハーブでした。

ワイン用のブドウは私が育てようと決めたもので、近くにあるワイン会社の指導を受けて植えましたが、加工用トマトのほうは勧められてうっかりはじめてしまった。実はワイン会社のグループにトマトジュースをつくる会社があり、ワイン会社の人が私の植えた苗を見に来るときにトマト会社の人がついてきたのです。で、

「使っていない畑があるならトマトを植えたらどうですか。加工用トマトは支柱も立てずに地べたに這《は》うように育てるので手がかからない。放っておいても育ちますから」

としきりに勧めるので、放っておいても育つならいいか、と、ついOKしてしまった。ら、翌朝五時に、そう、五時に、五百本の苗が届いたのです。あわてて友だちを手伝いに呼び、近所の農家に相談に行き、とにかく五百本の苗を一日で植えました。

この年は春の気温が低く、六月になるまで苗はあまり生長しませんでした。なんだ、この程度なら楽勝だ、農業なんて簡単だ……と思いはじめた頃、気温が上がり、同時に梅雨がやってきました。見る見るうちに、雑草が増え、伸びていく。

雨で畑に出られないうちに、トマト畑は雑草の草原になっていました。トマトはどこへ

行ったのか。雑草を掻き分けないと、どこにあるのかわからない。

そこへトマト会社の人が視察に来ました。

「ダメですよ、こんなに雑草を生やしちゃ。本当は、はじめに畝のあいだにワラを敷いておくといいんだけど」

本当は、だって？　おいおい、それなら最初にいってくれよ。

しかたなく、いったん雑草を全部刈ったあと、近所の農家からワラをもらってきて畝のあいだに敷きました。雑草が生えないように土を覆い、同時に実ったトマトに泥が跳ねるのを防ぐための敷きワラです。最初からいってくれればよかったのに。

それでもなんとか、夏には収穫にまで漕ぎつけることができました。

これが最初の夏の経験です。翌年から、手伝ってくれる若い人も増え、それから農園がだんだん大きくなっていったのですが、二年目に同じトマト畑の作業をしているとき、感動したことがありました。

前の年と同じように畝にワラを敷き、実をつけはじめたトマトの世話をしていたのですが、畑の土手に近い端のほうに、一本だけ列から離れて育っている苗があるではないですか。見ると、それは春先に新しく植えた苗ではなく、前の年のこぼれ種が自力で芽を出し生長したものだったのです。耕してもいない、肥料もやっていない土から伸びている、いわば、ド根性トマト。しかもそいつのほうが、列に植えられたトマトより元気なのです。そうか、植物は自力で生長するのだ、とそのとき私は深く頷《うなず》きました。

私が植物を栽培しているのではありません、植物が自分で生きるのを手助けしているだけです、とプロの篤農家が発言するのを聞くことがありますが、そういうレベルのはるか以前の素人は、逆に、間違いだらけの栽培法のおかげで、こんな奴にまかせておいたら危ないと植物に思わせ、彼らの生命力を引き出すことができるのかもしれません。

ジムのかわりに畑へ行く

プロの農家がタフなのは、長年の労働で鍛えた筋肉があるからです。

わが家からクルマで十分のところに公営の温泉があり（こういうのも田舎のいいところですね）、ときどき疲れを癒しに行くのですが、そこで男たちの裸を見ると惚《ほ》れ惚《ぼ》れします。いえ、決してそういう方面の趣味があるわけではないのですが、胸も肩もがっしりしていて、とくに広背筋と僧帽筋が大きい。鋤《すき》や鍬などでものを手前に引く、あるいは下から上に持ち上げる動作が多いからでしょう。それに大臀筋《だいでんきん》もはっきり出ている。実用的ないい筋肉です。

私は畑仕事をはじめる前、軽井沢ではもっぱらテニスをやっていました。肝炎が寛解したあとに一時再開したのですが、農村地帯に移ってからはできなくなりました。晴れた日には農作業があり、ラケットを持って外出するわけにはいかないからです。

農村では、ジョギングをする人はいません。犬を連れて散歩するのは目的があるからいいのですが、役に立たない運動をする人はいないのです。別にテニスをやってはいけないという村の掟があるわけではないのですが、村の人たちが働いている晴れた日に、その脇をラケットを持って通るのは、ちょっと恥ずかしい。折りたたみのテニスラケットはありませんからね。

運動をするなら畑仕事をする。

畑仕事そのものが運動になるのですから、当然のことです。

私は、草刈り、畝立て、石拾い、といまの土地で農作業をはじめてから一年で、肩幅がだいぶ広くなり、それまで着ていたジャケットがきつくなりました。儲けたぞ、ジムへ行くよりずっと得だ、と思ったものです。

都会では、おカネを払ってジムに行きます。ウォーキングマシンで歩き、スクワットで大腿筋群《だいたいきん》を強化し、ラットマシンで広背筋を、バタフライマシンで大胸筋を鍛える。

田舎なら、そんな必要はないのです。畑を歩きながら畝を立てて広背筋と上腕三頭筋を鍛え、土を運んで上腕二頭筋と大腿筋群を強化し、牛糞を撒きながら大胸筋を太くすることができるのですから。しかもスポーツクラブの入会金もジムの利用料も不要で、食べられる野菜というおまけまでついてくる。こんなうまい話はありません。

素人の野菜づくりは失敗することもありますが、ジムワークのついでに野菜をつくっているのだと思えば腹も立たないでしょう。

と、まあ、そのくらいの軽い気持ちで農業をはじめてみてはどうでしょう。

まず、本や雑誌で基本的な知識を仕入れる。テレビ番組やＤＶＤの映像も参考になります。そのうえでわからないことがあれば、近くの農家を訪ねて教えを請えばよいのです。

みんな親切に教えてくれますが、教えてくれる農家は、それぞれ違うことをいうかもしれません。同じトマトをつくるにしても、肥料は鶏糞がいいという人がいるかと思えば、鶏糞は入れるなという人がいる。植えるときにたっぷり水をやれという人と、植える前の苗の土にだけ水をやって植えてからはやらないほうがいい、という人がいる。正反対のようだが、そういう農家の両方とも見事なトマトをつくるのです。

十人の農家がいれば、十通りのやりかたがある。やりかたは違っても、それぞれによいものをつくっている。よいトマト、という頂上は同じでも、そこに至る道はたくさんある。畑によって土も水も光も違うのだから当然といえば当然ですが、そんなふうに自由に個性を発揮できるのも農業の魅力です。

定年から農業をはじめる

趣味の家庭菜園ではなく、もっと本格的な農業がやりたい、という人は、まず移住する市や町の役場に聞いてください。新規就農者を支援するための、農地の斡旋とか、技術指導とか、低利の融資とか、いろいろなスキームが用意されているはずです。

山林や宅地を買ってそこを耕して畑にするのは自由ですが、農地という地目の土地を取得するにはけっこうややこしい手続きが必要です。農地は農家にしか買えない、という決まりになっているからです。

農地が農家にしか買えないなら、どうやって農家でない人が新規に農地を買って農業をはじめられるのか。

パズルのようですが、自治体ごとに決められた一定面積以上の農地を取得する前提で農業委員会に営農計画書を提出し、承認を受けたら農地の売買が許可される……などの手順を踏むことで可能になります。そうすれば、農家に、つまり農協のメンバーに、なれるわけです。

農協のメンバーとしての農家になれば、日本政府の農業政策が定めたさまざまな特典を得ることができますが、本格的な生産農家になることを目指すのでないなら、自宅の庭の一部を耕し、足りなければ近所の農家に頼んで空いた畑を使わせてもらい、好きな野菜やハーブをつくれば十分だと思います。それでも（大失敗さえしなければ）収穫が多すぎて来客に持たせて帰したり東京の友人に送ったりすることになるはずです。

ただし、定年になってから、では、ちょっと本格農業はきついかもしれませんね。還暦を過ぎてもトレーニングをすれば筋肉も持久力もつけることはできますが、生産農家を目指すなら、少しでも早くからはじめたほうがいいでしょう。そう、せめて五十代の前半から。趣味と実益プラスアルファなら、何歳からでも農業をはじめるのに遅すぎるということはありませんが、定年と同時に田舎暮らしをはじめる、という計画は、農業をやるやらないにかかわらず、慎重に構えたほうがいいかもしれません。

定年は長年組織の中で働いてきた人にとっては人生最大といってもいい環境の激変であり、それだけで多大なストレスをもたらします。一方、田舎暮らしも、とくにそれまでほとんど都会でしか暮らしたことのない人の場合はこれまた人生最大といってもいい大変化で、当然ともなうストレスにも大きいものがあります。

そのふたつの大変化が、ひとりの人間を同時に襲ったらどうなるか。

農業は、フリーランスの仕事です。自分で計画を立て、仕事の段取りを決め、日曜日でも晴れたら働き、雨が降ったら平日でも休む。自分で時間を管理して自分の自由に使う。

従わなければならないのはお天道様のご機嫌だけ。ほかの誰に指図されるわけでもない。

会社の仕事を定年で辞めて農業に転身する、というケースでは、たしかにペンやマウスと鋤や鍬では手に持つものが違いますが、そうした道具や環境の違い以上に、組織での働きかたとフリーランスの仕事のしかた、自分の時間を管理する技術の違いのほうが、むしろ大きいのではないかと思うのです。

だからこそ、定年で組織から解放されたら、少しずつ農業をはじめることで自己管理の技術を身につけるのがよい、ということもできるわけですが、いずれにしてもあらかじめダブルのリスクがあることを承知したうえで、早めに準備やトレーニングをはじめたほうがよいかもしれません。

農業的価値観を身につける

素人がはじめる小規模な農業で、生計を立てるほどの収入を得るのは不可能です。プロの農家でさえ赤字に悩むのが現実なのに、いくら消費者の視点を生かすとか、現役時代の経営や営業のノウハウを持ち込むからといっても、そう簡単に事は運びません。

田舎には生産農家以外にも小さな面積で自家用プラスアルファの野菜をつくっているお年寄りなどもたくさんいるので、そういう生産物を軽トラックで集めて青空市場で直販するような新しい小規模流通のシステムをつくればよいのですが、農家による持ち込みの共同販売所以外には、いまのところそういう動きは見えません。意欲のある都会からの新規参入者たちが手を結んでマーケットを創設し、小遣い稼ぎと仲間の交流の場をつくるのを期待したいところです。

しかし、たとえそれが収入につながらなくても、私はこれから田舎で暮らそうという人たちには、どんなかたちであれ農業に携わる機会をつくることをお勧めします。

それは、からだを鍛える、健康によい、野菜ができる、といった実利的な効能ばかりでなく、私がそうであったように、人生の晩年をよりよく生きるための、ある種の価値観を身につけることができるからです。

農業をはじめてから早起きの習慣がついたことは前にお話ししましたが、実際に畑仕事をやってみると、それまでは考えもしなかったような現実に出会います。

まず、畑仕事は、やってもやっても終わらない。慣れないから作業が遅いというだけではなく、とにかくやることが無限にあって、畝立て、肥料撒き、雑草取り、芽搔き、土寄せ、虫退治……手をかけようと思えばきりがない。

が、朝からどんなに頑張って働いても、太陽が沈んだら仕事ができない。深夜に投光機をつけてレタスを収穫する産地もあるが、ふつうは暗くなったら家に帰る。だから、かならず仕事が残る。残って、明日に続く。

いくら予定を立てても、そのとおりいくとは限らない。相手は天気と植物だから、雨が降れば作業のスケジュールは遅れるし、温度や湿度によって生長のスピードが変わったり、病気が発生したりする。

植物は愛情をかければ報いてくれる、丹精込めて世話をすればかならずそれだけの効果がある、というけれど、そのつもりで毎日水をやったりすると、かえって水のやりすぎで植物は元気がなくなる。植物は自力で育つものだから、ここでも過剰は禁物なのだ。が、そのあたりをクリアしてうまく収穫直前まで育てたとしても、台風が来たらいっぺんで倒れてしまう。畑仕事は想定外の出来事の連続です。

こういう仕事を毎日やっていると、だんだん肝《きも》が据わってきます。

やることはやらなければいけない。だが、できることには限りがある。

自分の意志でコントロールしようとしても、コントロールできないことがある。

だから、人事を尽くして、天命を待つしかない。

達観というよりはあきらめに近いかもしれませんが、毎日の労働と生活から得られるこうした実感を、私は「農業的価値観」と呼んでいます。

都会で机の上の仕事をしていた頃は、仕事の計画を立ててそれが期日までに実現できなければ失敗だと考えていました。仕事上のスキルが身についてからは、自分の能力の範囲内なら意図したことはなんでもできそうな気もしました。より大きな目標を掲げてそれに向かって努力し、結果が出なければ挫折だと思いました。他人と競争するつもりはない、といいながら、どこかで自分のポジションを気にしていたかもしれません。

仕事の成果。人生の目標。他人の評価。

もう、そんなことは、どうでもよい、とまではいいませんが、それほどこだわるようなものではない、と思うようになりました。これも農業のおかげです。

私は、自分が死ぬときの情景を想像します。

ゴッドファーザーの、マーロン・ブランドが演じるドン、ヴィト・コルレオーネの最期ですね。あれがいちばんカッコいいと思っている。

マフィアの世界から引退したヴィト・コルレオーネは、すっかり好々爺になって孫と遊んでいます。場所は、自邸の庭につくられた小さなトマト畑。日除けの白い布がひらひらと風に揺れています。

かくれんぼをしていたヴィトは、子供をびっくりさせてやろうとオレンジの皮を牙のかたちに切って口にはさみ、トマトの葉陰から顔を出します。

驚いて逃げ出す子供。笑うヴィト。その瞬間、笑いが苦痛の表情に変わり、彼はその場に倒れます。

タリラ、リラリラ、タリラリラー。

チャルメラの音色ではありません。ゴッドファーザーのテーマです。そこであの音楽が流れてくる。映し出されているのは、なにごともなかったかのような、静かな夏の日のトマト畑。いいなあ。

私も、できることならああいうふうに死にたい。田園の情景の中で、子供がいないから当然孫もいないけれど、私と妻がはじめた農園の片隅で、農園のあとを継いでくれる誰か若い人の子供と戯れながら。

そう思って、最初のうち家から遠いところにつくっていたトマト畑をだんだん家の近くに移し、緊急のときはすぐに出ていける態勢を整えているのですが、まだ心臓に発作が起きる気配はありません。

農業をはじめると、もう引越しはできません。どんな引越し便でも畑を持っていくことはできませんから。

土に根ざしたら、そこが終《つい》の棲処《すみか》です。

人間、生まれる場所を選ぶことはできませんが、住む場所を選ぶことはできます。そして、おそらくはそこで死ぬであろう場所も。

私は、田舎暮らしをして本当によかったと思っています。

あとがき――新しい人生に漕ぎ出す友へ

昔は六十歳といえば物凄いおじいさんだと思っていましたが、いざ自分が還暦を迎えてみると、六十とはこんなに若い年齢だったのかと驚きます。人生五十年といっていた時代と較べると、人間の中身が薄くなったせいかもしれませんが、いつまでも元気でいられるのはよいことです。

学校を出てから、社会人としての基礎的な訓練を終えるまでが二十五年。仕事を通して会社と社会に貢献し、家族を支え、みずからの能力を高め、ひととおりの義務を果たすのが次の三十年。さらにそのあとに残された二十年以上の時間は、もう一度めぐってくる人生のスタートのための準備をし、実際にその新しい世界で人生を完結するための時間です。この人生の第三期は、まだ若く未経験な第二期のスタート時よりもはるかに充実したベースから出発することができるので、期間は短くても得られる収穫は大きいはずです。

いわゆる二〇〇七年問題として団塊の世代の定年が話題になっていますが、私はその中のとくに田舎暮らしを考えている人たちに、私の体験から得た知識が役に立てばと思ってこの本を書きました。

思えば、団塊の世代といわれる人たちは幸福な時代を生きたものです。

終戦後の日本がまだ貧しい時代に少年期を過ごし、日本の経済が発展する時期に社会人としての経験を積み、戦後日本がもっとも華やかな豊かさを謳歌《おうか》した時代には社会の中核をなす世代としてその果実を味わい、右肩上がりの成長が終りを告げて日本経済がゆるやかな下降線をたどりながら円熟期に入ろうとするいま、同じように人生の仕上げに向かおうとしている世代。自分の人生と社会や経済の発展がこれほどシンクロするケースは、世界の歴史を探してもそう多くはないでしょう。

いま若い人に昭和二十年代や三十年代の話をすれば、彼らはまるで村の古老に昔話を聞いたように目を丸くします。なにしろ私が子供の頃は、発車するバスに追いすがって排気ガスの匂いを嗅ぎ、吐き出される薄紫色の煙を胸いっぱいに吸い込んでいたのですから。

それでも、というか、ひょっとしたらそのおかげで、私たちはまだこんなに元気なのです。

定年は、リタイアメント（隠退）ではなく、リボーン（再生）であると思います。

もう一度、生まれ直す。

その時点から、それまでと一線を画した新しい人生が、スタートする。

私自身は定年のない人生を送っているので、正直をいえば会社を勤め上げて定年を迎える人の心境を実感することはできません。

しかし、想像するところこれほど不安に満ちた、しかし同時に無限の希望を孕んだ、とも綱から解き放たれた小舟を未知の大海に漕ぎ出すようなめくるめく自由の瞬間を、それも人生のなかばを過ぎてから体験できることに、一種羨望《せんぼう》に似た感情を覚えないでもありません。

私は彼らに、これからの日本の社会を変えていく力になることを期待しています。

都市化する日本の発展を支えてきた彼らが、人生の舞台を田園に移し、そこで新しい働きかたと暮らしかたを実践することで、日本の社会のかたちをその根もとのところから少しずつ変革していく。二十年あればなにかができるはずです。

定年を迎えることは個人的な問題ですが、定年を迎える人の多くが田舎暮らしを選ぶことは社会的な問題です。私はいま大きなうねりを見せはじめようとしている田舎暮らしという新しい潮流が、澎湃《ほうはい》とした流れとなって日本の岸辺を美しく洗い直すことを夢見ています。

勇気をもって、そして、らくな気持ちで、新しい人生に挑戦してください。

TAKE IT EASY AND GOOD LUCK!

二〇〇七年　春

玉村　豊男

玉村豊男　田舎暮らし関連　著作リスト（ただし現在入手困難なものもあり）

『新型田舎生活者の発想』ＰＨＰ出版　一九八五（講談社文庫　一九八九）
『軽井沢うまいもの暮らし』鎌倉書房　一九八五（中公文庫　一九八九）
『晴耕雨読ときどきワイン』講談社　一九九三（中公文庫　一九九九）
『有悠無憂（ゆとりあればうれいなし）』朝日新聞社　一九九三（中公文庫　二〇〇〇）
『田園の快楽』世界文化社　一九九五
『種まく人』新潮社　一九九五（新潮文庫　一九九八）
『農園からの手紙』ＮＨＫ出版　一九九六（中公文庫　一九九八）
『田園の快楽それから』世界文化社　一九九九
『小さな農園主の日記』講談社現代新書　二〇〇〇
『草刈る人』新潮社　二〇〇一
『ヴィラデスト菜時記』毎日新聞社　二〇〇三
『花摘む人』新潮社　二〇〇四

玉村豊男（たまむら　とよお）

一九四五年東京都生まれ。東京大学仏文科卒業。在学中にパリ大学言語学研究所に留学。七七年『パリ 旅の雑学ノート』八〇年『料理の四面体』をはじめ、旅、料理、食文化ほか幅広い分野で執筆活動を続ける。八三年より長野県軽井沢町、九一年より同東部町（現・東御市）に移住。二〇〇四年『ヴィラデスト・ガーデンファーム・アンド・ワイナリー』開設。〇七年箱根に『玉村豊男ライフアートミュージアム』開館。

田舎《いなか》暮《ぐ》らしができる人《ひと》 できない人《ひと》

集英社新書〇三八八H

二〇〇七年四月二二日　第一刷発行

著者……玉村豊男《たまむらとよお》

発行者……大谷和之

発行所……株式会社集英社

東京都千代田区一ツ橋二-五-一〇　郵便番号一〇一-八〇五〇

電話　〇三-三二三〇-六三九一（編集部）
〇三-三二三〇-六三九三（販売部）
〇三-三二三〇-六〇八〇（読者係）

装幀……原　研哉

印刷所……凸版印刷株式会社

製本所……加藤製本株式会社

定価はカバーに表示してあります。

ISBN 978-4-08-720388-2 C0276

Printed in Japan

a pilot of wisdom

集英社新書　好評既刊

人道支援
野々山忠致　0376-B

ヨーロッパ生まれの人道支援という考え方の歴史を踏まえ、実際的な理念と原則を語る。現場発の指針満載！

「狂い」のすすめ
ひろ さちや　0377-C

狂ったこの世に生きるにはこちらが狂うほかありません。「狂い」と「遊び」の精神で生き抜くヒント集。

心もからだも「冷え」が万病のもと
川嶋 朗　0378-I

がん、うつ、メタボリック・シンドローム、キレる子ども。気になる病気や不調の原因は、体と心を温めて治そう。

ニッポン・サバイバル
姜尚中　0379-B

自由なのに息苦しい日本の現実。しなやかに生き残るための方法を10のテーマを通して姜先生と考える。

クワタを聴け！
中山康樹　0380-F

桑田佳祐の曲は何故これほどまで長く愛され続けるのだろう。未曽有の『天才』の魅力に迫る、怒濤の全曲批評。

鷲の人、龍の人、桜の人　米中日のビジネス行動原理
キャメル・ヤマモト　0381-B

米国人、中国人、それぞれの考え方や行動パターンの定石を知って勝つ！　世界で通用する日本人像を提言。

死に至る会社の病
大塚将司　0382-A

会社を私物化する「ワンマン経営」という病につける薬はあるか？　コーポレート・ガバナンスの本質を考察。

ロマンチックウイルス
島村麻里　0383-B

韓流や有名人にときめき熱狂する中高年の女性たち。その感染症にも似た現象の広がりを多角的に分析する。

何も起こりはしなかった
ハロルド・ピンター　0384-A

2005年ノーベル文学賞受賞の劇作家が語る、自らの創作方法と、痛烈な政治批判。受賞記念講演も収録。

勘定奉行 荻原重秀の生涯
村井淳志　0385-D

貨幣改鋳で一方的に悪役に貶められた荻原重秀は、実は超辣腕の能吏だった。悲劇の人物像を再評価。